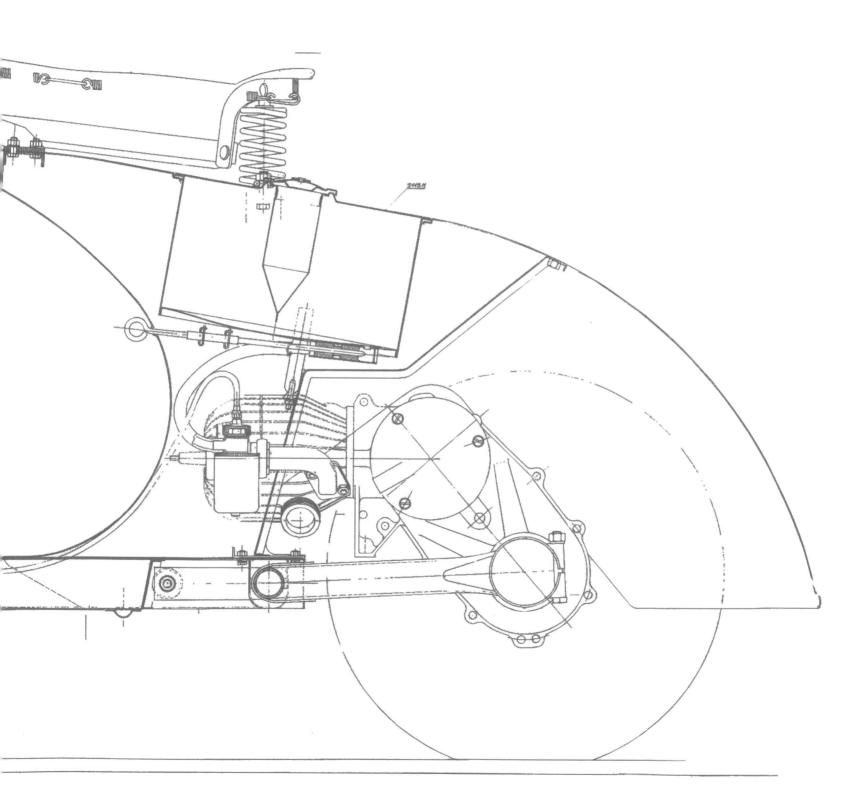

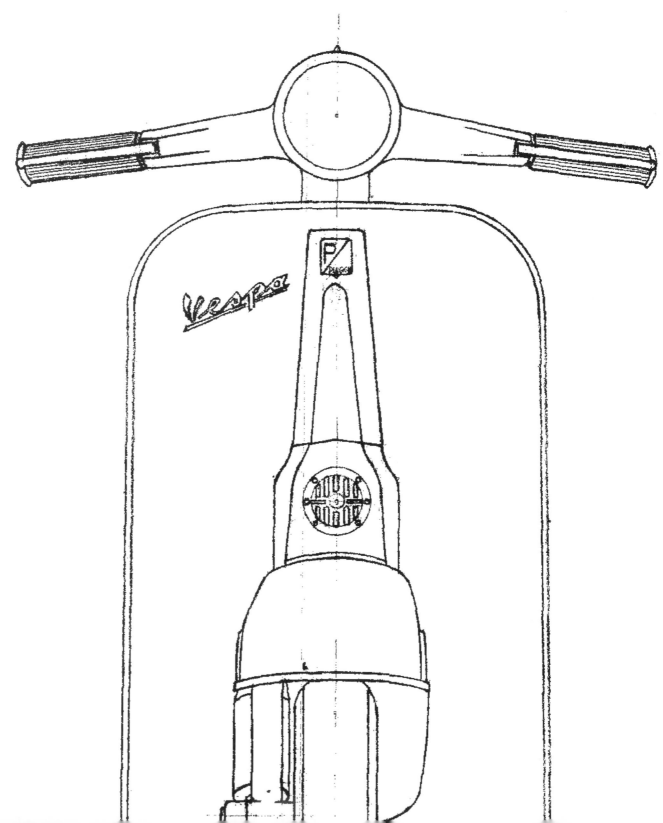

國家地理精工系列

偉士狂潮

一個文化標誌的誕生、傳奇歷史與經典車款

作者／瓦雷里歐‧博尼、斯特法諾‧柯爾達拉 Valerio Boni & Stefano Cordara
圖片／比亞喬歷史檔案館 L'Archivio Storico Piaggio
翻譯／吳若楠

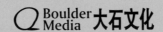

目次

前言

在今天回顧 Vespa 的歷史並頌揚它的傳奇地位，具有非凡的意義。因為在這個分裂因子盛行、世人築起高牆是為了區隔而非融合的時代，Vespa 仍能持續作為不同世代和文化之間溝通的橋梁。

Vespa 的最初問世，是作為一種簡便、輕巧、優雅、大眾化的新型代步工具，但很快就擺脫了這種功能性的形象，搖身成為一個深具國際知名度的品牌，象徵團結、友好、格調和優雅，廣受全球人士喜愛。

每個世代都有自己的文化指標、音樂、小說、電影——以及 Vespa 機車，也因此世界各地一直持續有人珍藏、讚揚「屬於自己的」Vespa。就是這份未曾中斷的熱情，把 Vespa 從 1946 年的 Vespa 98，到象徵 Vespa 永不止息的創新精神的新款電動速克達 Vespa Elettrica 串連了起來。

從 1950 年代初期第一次授權海外生產開始，Vespa 就成了世界公民，能與各種截然不同的社會環境互動。它激發出獨特的文化現象，完美融入各地豐富的民情，在每個地方都成為參照的指標。它培養出新的習俗、音樂風潮，主導了年輕世代的流行趨勢。它在各個大陸，陪伴各個國家的經濟和社會發展，也把義式風格、義式美學，以及義大利擅長融合優雅和技術的卓越能力，帶進了世界各地的大街小巷。

其他兩輪或四輪車的老車廠，往往在市場上銷聲匿跡了數十年，才又捲土重來推出現代化的車款，相較之下，比亞喬一直未曾停止生產 Vespa 機車，因此 Vespa 的發展是一脈相承的。Vespa 自登場之初，就以最先進的鋼製單體車身概念著稱，改變了交通工具的歷史，持續為每個時代的工藝和技術水準提出新的詮釋。這一系列的速克達始終摩登、前衛，在技術和風格上不斷演化，卻未曾喪失獨一無二的個性。

憑藉先進的引擎和電子配備，如今的 Vespa 已經是技術與風格的典範，演化出不朽的設計風貌，成為全球識別度最高、最受推崇的「義大利製造」產品之一。

Vespa 已寫下超過 70 年的傳奇故事，它的歷史也將持續演進，同時放眼未來，迎接現代世界可能帶來的種種挑戰，尤其關注如何為我們生活的環境盡一份心力——環境保護一直是比亞喬創立 130 多年來，在交通工具與技術的開發上最關切的根本議題，因為我們知道未來的年輕世代，無論他們身處世界的哪一個角落，都將對這輛不同凡響的速克達產生共鳴。這個始終象徵自由的車款，將繼續在未來的車迷心中點燃夢想和熱情。

比亞喬基金會
Fondazione Piaggio

第 4 頁　20 世紀首屈一指的海報藝術名家都為 Vespa 貢獻過創意：「飛向太陽的速克達」是雷蒙・薩維尼亞克（Raymond Savignac）的作品。

第 6 頁　土除上的頭燈是 Vespa 獨樹一幟的細部特色之一，出現在 1946 至 1953 年間出廠的所有車款。

Sestri Ponente, 24 Settembre 1887

Pregiat.mo Signore

Ci pregiamo far noto alla S. V. Ill.ma che con atto in data 14. Cor.te depositato al Tribunale di Commercio di Genova, si è costituita una società in accomandita, sotto la ragione sociale:

Piaggio & C.

e sotto la gerenza del Socio accomandatario Sig.r Rinaldo Piaggio di Enrico, allo scopo di esercitare la Segheria di legname a vapore sita in questo comune da noi acquistata dal Sig.r Enrico Piaggio fu G.B. con atto 14. cor.te Notr.o Ghersi.

Mentre confidiamo che la S. V. Ill.ma vorrà onorare la nostra ditta della sua fiducia, vi preghiamo a prendere nota della firma sociale.

Vi salutiamo distintamente.

Piaggio & C.

Il Socio accomandatario Sig.r Rinaldo Piaggio di Enrico firmerà: *Piaggio & C.*

從創始至今日：
Vespa 之外的比亞喬

為了更容易了解 Vespa 機車的製造理念是在何種背景環境下孕育出來的，我們必須回顧創始人里納多‧比亞喬（Rinaldo Piaggio）最重要的幾個人生階段。這是個典型的美好故事，主角是一位才華洋溢、深具個人特色的義大利人，他既非詩人，也非聖徒，更不是什麼航海探險家，但具有不凡的生意頭腦，名叫里納多‧比亞喬，1864 年 7 月 15 日出生在義大利熱那亞，母親名叫弗蘭切斯卡‧達皮諾（Francesca Dapino），父親是造船工程師和貿易商恩利可‧比亞喬（Enrico Piaggio）。

19 世紀下半葉是義大利歷史上一段特殊的時期，義大利的工業開始起飛。如此的時代背景，為具備才能和進取心的人提供了一展長才的空間，里納多‧比亞喬無疑是其中兩者兼具的一位。1884 年，20 歲的里納多‧比亞喬在賽斯特里波尼特（Sestri Ponente）成立了一家公司，專門生產船舶內部設備，以重振父親的事業。里納多深具創業長才，在很短的時間內就成了包括 Ansaldo（安薩爾多）和 Odero（歐德羅）等熱那亞主要造船廠的供應商。後來里納多和尼可洛‧歐德羅（Niccolò Odero）的女兒結婚，兩家企業之間的關係

發展成姻親關係，從此里納多的事業一飛衝天，基本上每艘下水的利古里亞船隻，都用上了里納多‧比亞喬的公司生產的船舶設備。

比亞喬也慢慢地把企業版圖從海上拓展到陸上，鐵路成了他的新事業，比亞喬旗下的木工師傅為義大利各大鐵路公司的火車車廂提供專業的建造和維修。成立於 1906 年的菲納爾瑪里納工廠（Officine di

第 8 頁　1887 年 9 月 24 日，Piaggio & C（比亞喬有限合夥公司）於賽斯特里波尼特正式登記成立，前身是三年前，由年僅 20 歲的里納多‧比亞喬成立的 Società Rinaldo Piaggio（里納多‧比亞喬公司）。

第 9 頁　恩利可之子里納多‧比亞喬的肖像，這位年輕有為、高瞻遠矚的企業家延攬了不少才華洋溢的工程師。

RINALDO PIAGGIO

第 10 頁　19 世紀末，在賽斯特里波尼特工廠中，木匠正在進行木材加工，用於船舶和火車車廂的內裝。

Finalmarina），是里納多和大舅子阿蒂里歐・歐德羅（Attilio Odero）共同創辦的公司。由於事業上接二連三的成功，里納多・比亞喬於 1908 年獲頒義大利皇家騎士勳位。

　　第一次世界大戰期間，利古里亞省的工廠轉作軍工廠使用，但即使在這麼艱難的時期，里納多仍看見了機會，並再一次決定擴大經營觸角。這次引起他興趣的，是航空工程產業。

　　這項新事業在 1916 年展開，起初從維修方面切入，繼而著手軍用水上飛機的製造。最後，飛行器部門終於為公司帶來了轉型的契機，比亞喬在 1917 年收購了比薩的一家飛機製造廠。這種極端多角化的經營方式在當年並不多見，但也幫助比亞喬的公司比起其他許多公司，得以更穩健地撐過第一次世界大戰後的艱

11 頁上　瑪格麗塔王后蒸汽船的大廳一隅，這是最早於義大利和南美洲之間提供直航服務的蒸汽船之一，內裝是比亞喬公司的作品。

11 頁下　這節義大利皇家郵政火車車廂是比亞喬製造的大量車廂之一，其中包括 1920 年代初期組裝完成的皇家列車。

困時期。1920 年代初法西斯主義興起，非但沒有阻擋他的創業精神，反而激發他更多的鬥志。在那個動盪不安的年代，里納多重新開啓火車車廂設備的生產，但最重要的是，他把重心投注在航空部門的發展，在很短的時間內就躍居義大利航空產業界最重要的先驅之一。

1921 年，比亞喬與他的長期事業夥伴阿蒂里歐・歐德羅共同創辦了 SAICM（義大利飛機製造股份公司），後來更名為 CMASA（航空機械製造股份公司），並獲得授權為德國 Dornier Metalbauten（多尼爾金屬建築公司）建造水上飛機。但里納多・比亞喬追求進步的渴望永無止境，他的新公司買下了多項海外專利，更延攬了義大利最優秀的設計師來幫他效力。比亞喬在朋

泰代拉（Pontedera）的設廠幾乎是純屬意外，里納多為了增加產能，1924 年在這裡買下一間專門生產引擎和飛機的工廠（目前比亞喬集團生產的引擎仍全數在此組裝）；而今朋泰代拉這個工業城仍然是比亞喬集團的樞紐。比亞喬生產的自然不是普通的引擎，而是締造了多項紀錄的優異引擎—— 1937 至 1939 年間，比亞喬創下了 39 項紀錄，包括 1 萬 7083 公尺的海拔高度紀錄。

接二連三的成功，使里納多躍居義大利數一數二的工業鉅子。這位企業家充滿活力，隨時準備好要探索新世界，由於這樣的特質，他在 1922 年獲頒「義大利皇家高等騎士勳位」，又在 1925 年獲頒「義大利皇家大軍官勳位」。比亞喬意識到，未來的關鍵在於滿足一般大眾對於快速交通工具的需求，也就是航空。1926 年，隨著 Società Anonima di Navigazione Aerea（空中航行有限公司）的創立，義大利的第一條航空工業生產線隨之誕生，創辦人正是里納多‧比亞喬。憑著這樣的熱情和高瞻遠矚的視野，里納多明白要進一步發展公司，就必須

12-13 頁　比亞喬 P3 雙翼機是一架四引擎轟炸機。1925 年，這架轟炸機的一系列功能堪稱獨步全球。

13 頁　比亞喬在 1928 年為義大利皇家海軍建造了這架 P8 單座水上偵察機，用來和埃托雷‧非耶拉莫斯卡（Ettore Fieramosca）潛艇搭配出勤，最高時速 135 公里。

減少對外部供應商的依賴，能在公司內部獨立開發知識和技術。

因此，他投下鉅資用於研發（這依然是現在企業發展的關鍵因素），使比亞喬旗下的各個子公司，無論在航空領域，或是里納多一直未曾放棄的鐵路領域，都開發出創新的技術。

就算對發展得最蓬勃的公司而言，1929 年的經濟大恐慌也是一場嚴峻的考驗。比亞喬度過了這次的重擊，但過程並不容易。經歷了最低

14 頁上　在設計 Vespa 機車之前，工程師科拉迪諾・達斯卡紐（照片中戴帽者）曾參與過一些創新的計畫，包括史上第一架直升機原型機的計畫。

14 頁下　菲納萊利古雷機庫中一批準備出貨的比亞喬水上飛機。

14-15 頁　1936 年，里納多・比亞喬開發了 P.23R 三引擎快速轟炸機。這架轟炸機曾兩度創下紀錄，最高時速達 404 公里，展現高超性能。

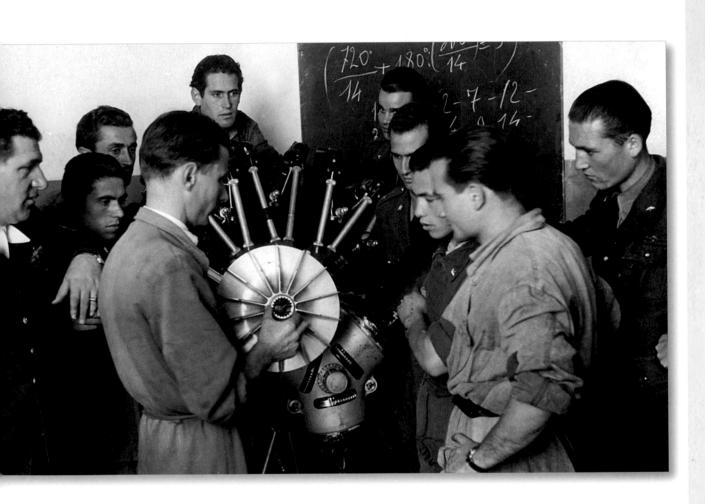

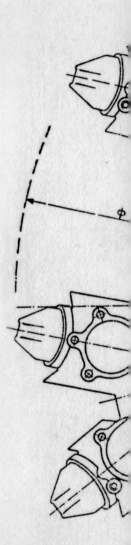

16 頁　技術人員和工人必須不斷在專業上精益求精，才能因應飛機引擎製造領域日新月異的
技術水準。

16-17 頁　比亞喬推出了 16 款不同的星型引擎，從 370 匹馬力的 PVII 引擎，到 1500 匹馬
力的 PXXII 引擎。第一代的 7 缸星型引擎安裝在許多義大利飛機上，並在 1934 年運用於
SIAI S.71 輕型運輸機，為早期義大利與南美間的航空郵務發揮關鍵作用。

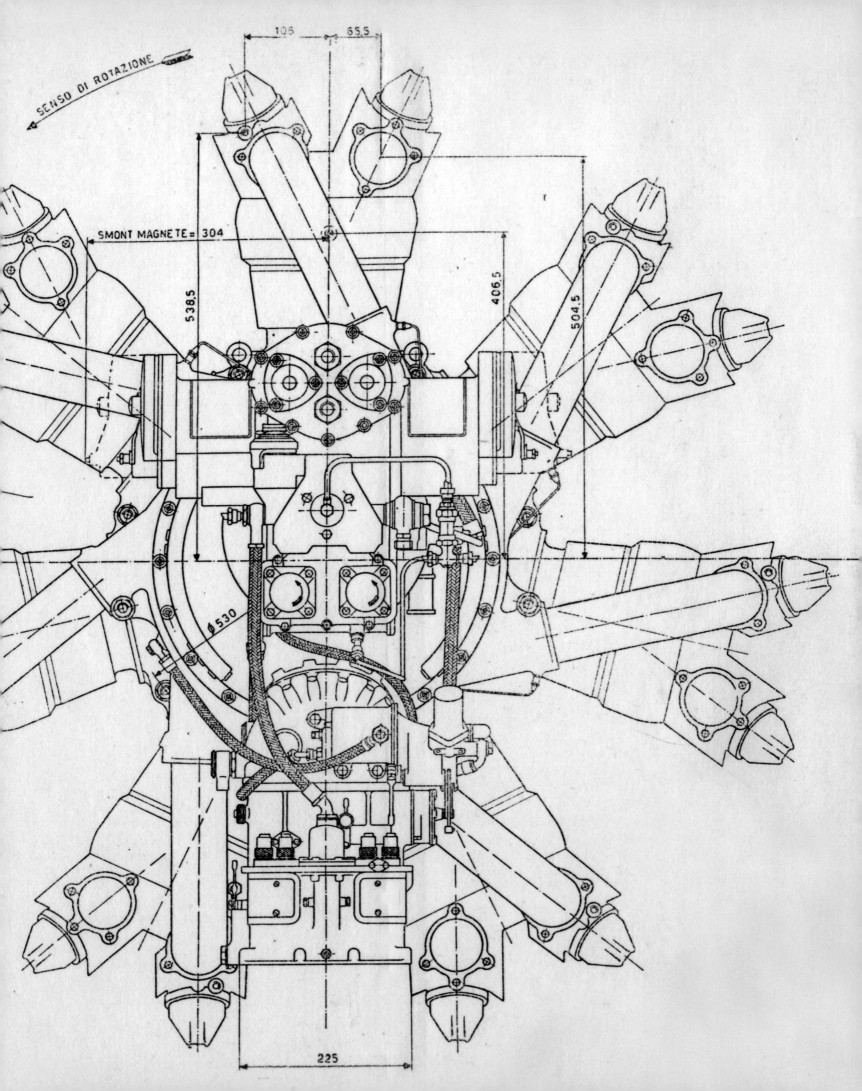

迷的時期之後，他提高兒子和女婿的持股比例，用意在於重振生產，完全呼應那個年代的擴張性財政策略與目標。

1934 年，里納多‧比亞喬獲頒另一項榮銜：「義大利王國參議員」。這也是他生前得到的最後一個榮譽頭銜。1938 年，正當事業撥雲見日之際，里納多告別了這個世界。

儘管一般人都以為 Vespa 是在朋泰代拉誕生的，但這是流傳已久的誤解，事實上就理念而言，Vespa 誕生於皮埃蒙特（Piemonte），因為比亞喬於第二次世界大戰期間把技術部門搬遷到皮埃蒙特大區的別拉（Biella），以躲避頻繁的轟炸。正是在這些默默無名的廠房中，包括科拉迪諾‧達斯卡紐（Corradino d'Ascanio）在內的技術人員和工程師開始著手打造這個日後馳名全球的車款。1940 年代，里納多的兒子恩利可掌管托斯卡納分公司，他和父親一樣敏銳過人，比任何人都能洞悉時代的需求。當時正是為義大利民眾提供一項簡單實惠的代步工具的好時機。於是，朋泰代拉工廠停止了航空部門的營運，轉而從事速克達的生產。這次轉換跑道之後，比亞喬就一直在這條路上持續前進，即使生產了將近 1900 萬輛之後，腳步仍未曾停歇。

所以，比亞喬的故事就是創造的故事，是一群創新天才締造高超技術成就的故事——而且這個故事並不是在建造出一輛前所未見的速克達之後就結束，而是仍在繼續發展中，

18 頁　經過最初以手工打造的匠人階段之後，朋泰代拉工廠於 1950 年代初經歷了徹底的工業轉型。原本生產飛機的航空部門經過重整，發展成比亞喬公司的第一條現代化速克達產線。

18-19 頁　Vespa 的成功是全球性的，最初十年的產量超過了 100 萬臺。1959 年，Vespa 150 的產線經過規畫，以因應持續成長的市場需求，同時確保品質穩定。

CHI L'ACQUISTA... *non li spende - li guadagna*

即使到了現代，比亞喬仍是一個培育創意的理想環境，不斷有新的計畫問世。此時這家位於托斯卡納大區的公司已經成為義大利最重要的企業之一，未來還將收購 Gilera、Moto Guzzi、Aprilia 和西班牙的 Derbi 等歷史悠久的品牌，並陸續推出其他令人激賞的產品企畫，而其中一項正是在 Vespa 誕生的那一年成形的。

早在 1946 年，Vespa 速克達就已經作為車頭，安裝在「全世界最小的貨車」Piaggio Ape 這款三輪微型貨卡上，並於隔年上市；之後又在 1948 年推出 Calessino 旅行車，號稱「全世界最小的計程車」。

這個車款是特別為了載重而設計的，在最初幾個原型中，包括大盾和龍頭把手在內的車頭部分保持不變，車尾加裝了兩個鏈條傳動車輪和一個貨箱。後來，Ape 車款獨立發展，引擎移到車體後半部，並增設了一個根據不同類型貨物而變化的真正車廂。某些車型容許顧客選擇安裝方向盤，或是左側把手設有換檔桿的龍頭（同 Vespa 的經典龍頭）。2018 年，為慶祝 Calessino 上市 70 週年，比亞喬推出了兩款新車，一個是載客用的車款，限量 70 臺，有專屬編號；以及因應歐盟四期廢氣排放標準進一步降低廢氣排放量的小車 Ape 50。

20 頁　這幅 1949 年的著名廣告海報，描繪一輛載滿 1000 里拉鈔票飛向天際的比亞喬三輪微型貨卡。

21 頁上　Ape 三輪微型貨卡的誕生只比 Vespa 晚了一年，這輛車的前半部和引擎與 Vespa 機車相同，載重可達 200 公斤。

21 頁下　Calessino 車款讓三輪車馳名全世界，如今在許多國家仍作為迷你計程車使用。2018 年，為慶祝車款問世 70 週年，比亞喬推出了 70 台限量紀念版三輪車。

22 頁 繼 Vespa 機車和 Piaggio Ape 三輪微型貨卡之後，比亞喬在 1949 年又推出了 Moscone 小型舷外機，如圖中廣告所示，Moscone 以化身「海上 Vespa」為目標。

　　1949 年，一個可望掀起革命的新點子誕生了，有鑑於兩輪和三輪車的熱銷，技術人員決定嘗試把多用途經濟車款的概念應用在小型舷外機上，取名為 Moscone，義大利文的意思是「大蒼蠅」。Moscone 的目標是在那個經濟剛開始起飛的年代，為出外旅遊的家庭或釣客提供一種類似水上摩托車的交通工具。Moscone 的銷售方案包含兩個選項：單獨選購舷外機，亦可連同專用船舶一起購買。專用船舶同為比亞喬製造，由恩利可的兄長阿曼多（Armando）負責管理的船廠生產，廠址在菲納萊利古雷（Finale Ligure）。這個點子雖然很有潛力，但不如速克達的構想那麼令人難忘。Moscone 推出十年後就告停產，共賣出約 1 萬 500 部。

Vespa 另一條成功的產品線是輕型摩托車，如 Vespa 50，旨在滿足年輕人對於免牌照駕照即可上路的兩輪交通工具的需求。分別於 1967 年和 1970 年上市的 Piaggio Ciao 和 Boxer 兩個車款，都是輕巧、敏捷、適合都市騎乘的輕型速克達，銷售成績也和 Vespa 一樣亮眼。

接下來，多種車款接連推出，有的比較受到青睞，也有一些未能完全滿足市場需求，最後比亞喬察覺有必要在經典速克達之外推出一個能滿足客戶新需求的車款。1996 年，在 Vespa 問世 50 週年之際，比亞喬推出了比經典二行程引擎先進的新一代引擎，主要創新之

處在於史上首次把電子燃油噴射系統運用在這一類的單汽缸引擎上，目的是大幅降低油耗和有害物質的排放。最令人激賞的創意誕生於 2006 年，Piaggio MP3 開始生產，這是史上第一部量產的可側傾式三輪速克達，並提供油電混合版供顧客選擇。這款車的設計專門為了滿足最挑剔的兩輪速克達顧客，駕駛感受和兩輪車一模一樣，而且有更好的操控和煞車性能。這兩項決定性的特點，幫助 MP3 征服了巴黎人乃至於整個法國市場，締造了非常可觀的銷售成績。

總而言之，比亞喬集團在 Vespa 之外，依然保有充沛的創新能量。

23 頁　2006 年，朋泰代拉工廠推出了 MP3 這個劃時代的車款。這款先進的三輪速克達，在抓地力和煞車性能都提高了一倍，迅速征服巴黎和整個法國。

Vespa 的誕生：
從原型車到第一個車款

Vespa 機車在 1946 年正式誕生——更精確地說，是在 4 月 23 日的正午出生。當時，比亞喬在佛羅倫斯工業暨商業部所屬的「發明、款式與商標專利註冊處」為 Vespa 註冊了專利，說明書上定義為「以合理方式將各種器械與組件組裝而成的摩托車，它的車架和土除與引擎蓋——可完全罩住所有機械零件——結為一體」。

然而，打造一項革命性的交通工具以提升一個國家和一整個大陸的交通運輸的想法，在更早之前就已萌芽。1943 至 1944 年間，比亞喬旗下所有工廠仍全力生產軍用飛機時，里納多和他的兩個兒子恩利可和阿曼多就已經開始思考，未來訂單勢必有結束的一天，屆時下一步該怎麼走。這件事在他們心中醞釀了一陣子，到了 1943 年 9 月 8 日，義大利與同盟國簽訂停戰協議，朋泰代拉工廠受到接管，所有訂單也隨之擱置，這時他們意識到，無論大戰最後由哪一方勝出，他們都必須及時行動，以免在戰後落得措手不及。

恩利可的想法是生產一種經濟實惠、適合廣大消費群眾的車輛。幾年後，隨著小型汽車問世，這個新概念定調為「入門小車」。初始階段他們進行可行性研究的地點並不是在比薩省的工廠，而是在皮埃蒙特大區的別拉附近，因為從 1944 年初開始，為躲避盟軍日益頻繁的轟炸，部分機械和人員已搬遷到這裡。當時，技術人員當中沒有人做過兩輪車輛的開發，工程師的專長都是在航空工程方面，因此，比亞喬決定以當時既有的兩款速克達為基礎，一款是 1930 年代中期由 Officine Meccaniche Volugrafo（沃路格拉佛機械工廠）為義大利海軍陸戰隊聖馬可團和義大利皇家海軍第十突擊艦隊（X Mas）等精英部隊所打造的小型速克達，另一款是當時該地區常見的速克達 Simat（西馬特）。當時的想法是建造出一種極端簡化、小巧，但不至於改變原始概念的車款，他們把這項計畫交給比亞喬公司裡最專業的兩名工程師，倫佐·斯波蒂（Renzo Spolti）和維托

24 頁　1938 年，里納多之子恩利可·比亞喬和他的兄長阿曼多一同被任命為比亞喬的執行長。生產平價的新型兩輪車是恩利可的想法。

25 頁　比亞喬新計畫最初的靈感源自二戰期間盟軍空降部隊所使用的小型折疊速克達。

里歐‧卡西尼（Vittorio Casini）負責。

　　早在最初的草圖中，可明顯看出設計師對板金加工的精通，由於這項專業知識，才得以打造出一個一體成型的硬殼結構，創造出速克達的專有特色，其中包括可保護騎乘者腿部的大盾。

　　1944 年 8 月 31 日，第一張工程圖繪製完成，比亞喬團隊隨即開始研究如何進行工業化生產，並在不到六個月內造出第一輛原型車。這和恩利可‧比亞喬心目中要在戰後上市的車大概不太一樣，但他仍授權生產了第一批，總數 100 輛，其中只有一部分是「原廠」製造。1945 至 1946 年，車廠總共組裝了七輛，其餘的原本預計由比亞喬的三個供應廠分別製造，結果他們始終沒有達成預定的產量。實際上究竟生產了多少輛沒有人知道，但據估計不會超過 80 輛。

　　過了兩年，這輛速克達仍未被命名，而僅以這項計畫的名稱 Moto Piaggio 5 的簡稱 MP5 來稱呼，光從這一點就可看出這款原型車的前景並不看好。只有車廠的測試人員將之命名為「唐老鴨」（Paperino），並協助開發出五個版本。

　　這輛速克達的風格雖然不特別迷人，但一些超前時代的功能，例如配備自排變速箱，已經計畫要安裝在這款車上──結果到了 1980 年代所有速克達都有自排變速箱，只有 Vespa 例外，因為 Vespa 一直忠於 1946 年的設計精神，一路驕傲地駛進了 21 世紀。「唐老鴨」經過一系列測試，除了各種版本的自排變速器之外，也測試了一種兩檔變速器，和最後實際生產的車款所配備的變速器類似。

　　測試持續進行，但隨著時間愈拖愈長，恩利可‧比亞喬也愈來愈沒有信心把這輛外型笨拙、幾乎沒有線條可言、龍頭和座椅間缺乏連續性的速克達介紹給經銷商。這輛速克達毫無疑問是實用又安全的，但絕不會讓人一眼愛上，因此比亞喬作出了停止開發的決定。

26-27 頁、27 頁　Vespa 的前身以 MP5 為官方名稱，但測試人員為它取名為「唐老鴨」。這個車款配備有日後運用於量產速克達上的一系列創新功能，但恩利可對它的外型並不滿意。

　　這次的嘗試失敗了，但是構想本身並未被擱置。他們決定更換團隊，不再參考義大利為數眾多的摩托車專業車廠，而是加碼投資公司的內部資源。比亞喬把籌碼押在工程師科拉迪諾‧達斯卡紐身上。從資歷來看，達斯卡紐或許是最不合適的人選，不只因為他的專長是在飛機製造，對兩輪機動車毫無經驗，更是因為他十分討厭摩托車。與恩利可‧比亞喬完全相反，達斯卡紐只看到這種產品的負面特性，而非實用性。達斯卡紐之所以獲選，正是因為他在這方面敏銳過人的直覺。他的任務是挑出他所認為的全部缺點，並找出解決之道。他看到的問題包括缺少防護、引擎和變速箱暴露在外容易累積髒污、爆胎時無法迅速修理，以及油箱擋在兩腿間導致騎乘姿勢不適等。他開始設計一種不使用傳動鏈，因

而比較不容易髒的引擎，把換檔桿從右腳移到左把手，並思考如何清空座椅和龍頭之間的所有障礙物，好讓騎乘更加舒適。在他根據直覺提出的眾多改善構想中，最具革命性的就是單搖臂前懸吊系統，類似縮小版的飛機起落架，這個做法的優點是只需要短短幾分鐘就能自行換上備胎。一切就緒之後，展現出來的成果是他對速克達的想像。他心目中的速克達與斯波蒂和卡西尼設計的「唐老鴨」幾乎毫無共通點。他以一張如今已名留青史的簡單草圖呈現了這輛車，圖中是一個採取坐姿的人物，人物周圍畫了車身、保護騎士腿部的大盾、小小的車輪，以及一個封閉式的後車身，能把燃油、機油、灰塵全包在裡面，以免弄髒騎士的衣物。

　　這個案子飛速進展，由於製圖師馬利歐‧德埃斯

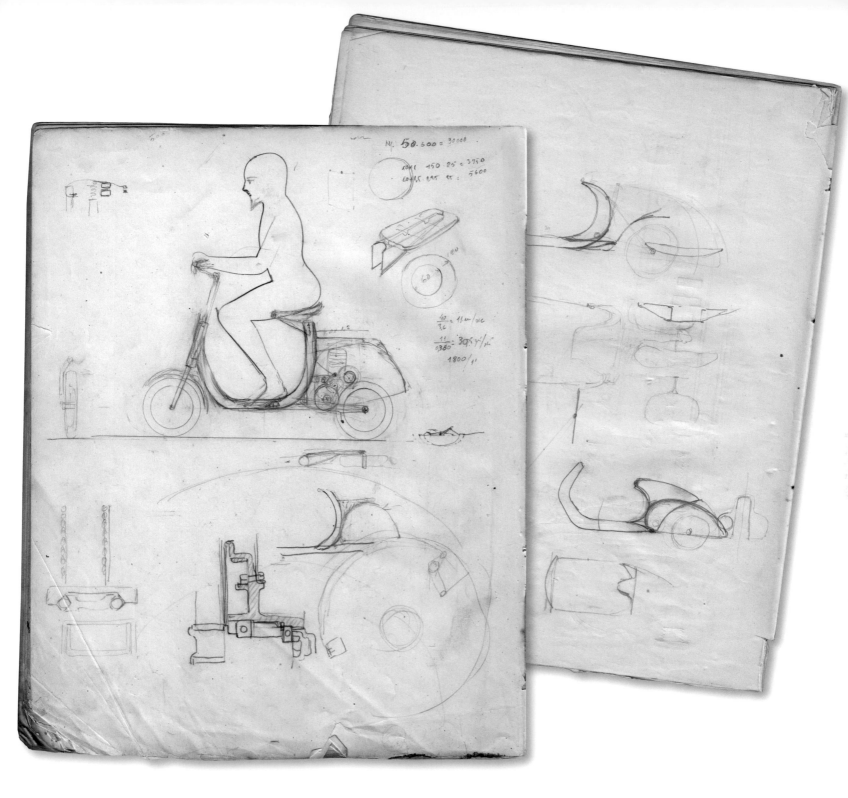

特（Mario D'Este）的鼎力相助，這張簡單的草圖很快進入工程圖的階段。他和達斯卡紐的合作可說是一拍即合，兩人想要實現的目標之一，是在當時的技術水準加諸於工業化量產的種種限制之下，創造出一輛比 MP5 更美觀的速克達。

當時雖然沒有現代化的研發設計過程，達斯卡紐仍取得了革命性的成果，車款的設計純粹著眼於功能性，屏除一切奢華元素，唯一的例外是龍頭把手的材質，因為鍍鉻管是當時用來製作把手的唯一素材。

28 頁　1891 年出生的工程師科拉迪諾・達斯卡紐，把恩利可・比亞喬想要的所有功能整合到了一輛標準版速克達身上，即使他事前並不知道比亞喬想要的是什麼樣的車。

29 頁　科拉迪諾・達斯卡紐最早的 Vespa 機車草圖，既不照比例，也不是以美感的考慮為起點，而是完全以騎士為中心，目的是提供輕鬆自然的坐姿，再循此一要素勾勒出整輛速克達。

簡稱 MP6 的 Moto Piaggio 6 於焉誕生。它是最後定稿版速克達的第一輛原型車，如今仍是新世代 Vespa 機車在解決風格和技術問題時的靈感來源。

在 70 多年後的今天，比亞喬車廠仍持續使用最早期的一些設計圖，例如承襲自飛機前懸吊系統的草圖，以及把風扇固定在驅動軸上，往氣缸強制吹風的氣冷式冷卻系統的草圖。時至今日，對於設計較簡單、不具散熱器和水冷散熱裝置的引擎而言，這仍然是唯一有效的技術。

MP5 並未在恩利可·比亞喬的心中激起任何漣漪，在歷史上顯得默默無名；而科拉迪諾·達斯卡紐設計的 MP6，則是正中比亞喬的胃口。隨著原型車的推出，這款速克達未經公司高層開會表決，就立刻獲得了非正式

命名。比亞喬的董事長從上方看見它圓滾滾的後車身，立刻聯想到黃蜂的腹部，從那天起，這輛日後注定揚名四海的速克達就根據這種昆蟲的義大利文單字，取名為 Vespa。

戰爭結束後，義大利得在有限的時間內重振旗鼓。當時微型馬達工具組愈來愈普及，可以輕易把一輛舊腳踏車改裝成廉價的輕型摩托車。這也加快了標準版

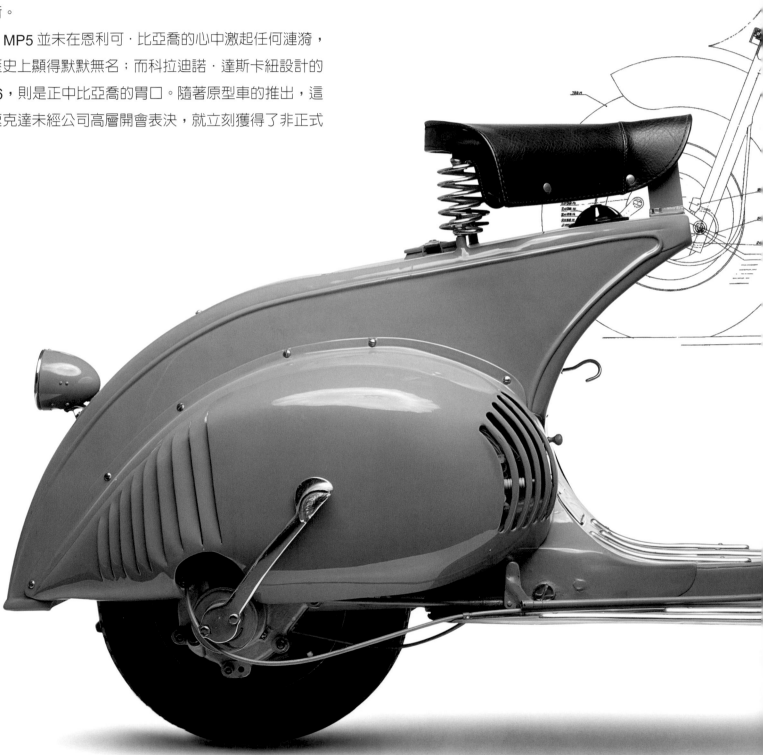

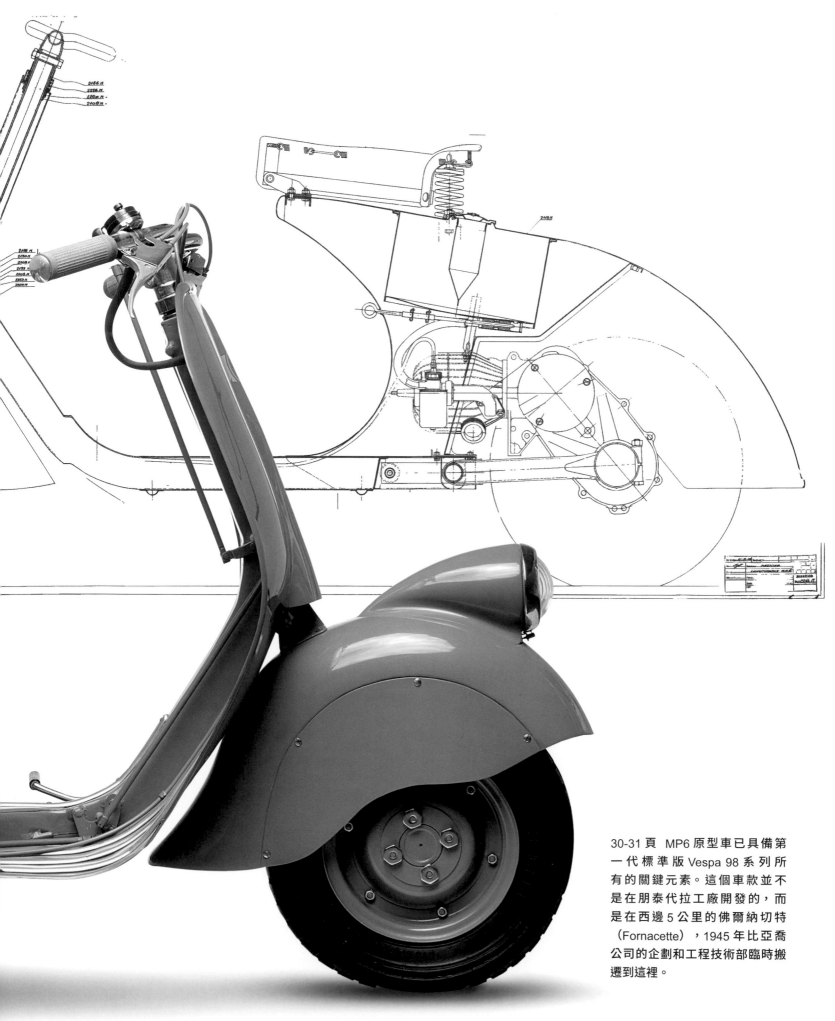

30-31頁 MP6原型車已具備第一代標準版 Vespa 98 系列所有的關鍵元素。這個車款並不是在朋泰代拉工廠開發的,而是在西邊5公里的佛爾納切特(Fornacette),1945年比亞喬公司的企劃和工程技術部臨時搬遷到這裡。

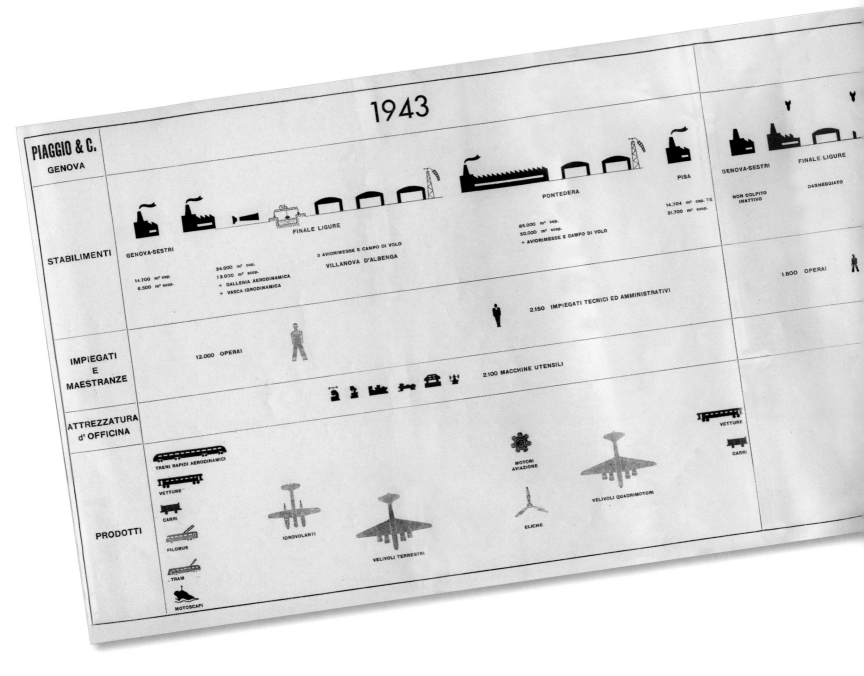

Vespa 98 的生產進度；Vespa 98 的外觀與原型車非常相似。首場正式發表會在羅馬高爾夫球俱樂部舉行，出席人士為當時掌管義大利首都的盟軍軍事政府高層。針對一般民眾的發表會則是後來在米蘭展覽會（Fiera Campionaria di Milano）舉行，然而迴響比預期中冷淡許多。由於當時仍是典型摩托車的天下，這部違反傳統的速克達一出現，就像自行車雙雄馮斯托·科皮（Fausto Coppi）和吉諾·巴塔利（Gino Bartali）那樣，把義大利民眾分成兩個陣營。民眾的興趣缺缺，原本有可能讓第一批為數 2000 輛的速克達無法上市，因為比亞喬一開始打算把經銷權交給和 Vespa 沒有直接競爭關係的同業 Moto Guzzi（摩托古奇），透過對方的通路進行銷售。然而，這家知名摩托車廠的共同創辦人之一帕洛迪伯爵（Count Parodi）認為 Vespa 不可能賣得太好，因而婉拒了合作邀約。比亞喬只得另謀他路，最後找到了 Lancia（蘭吉雅汽車），雙方共同成立了

32-33 頁 這份文件簡明扼要地呈現出二戰時期至戰後的生產演變。1943 年,比亞喬原本雇有 1 萬 2000 名全職工人,停戰協定後銳減到 1800 人,只有位於熱那亞塞斯特里工業區內的工廠沒有受到轟炸破壞。

33 頁 一系列的行銷活動隨著 Vespa 98 的生產而展開,盡可能讓人認識這個新車款。圖為 1946 年的 Vespa 發表會。

S.A.R.P.I. 公司,透過汽車經銷商來銷售這款速克達。

　　這輛 Vespa 的定價是 6 萬 1000 里拉(以當時的購買力來看,大約相當於今天的 1900 歐元),而當年一個工人的薪資大約是 1 萬里拉,也因此,他們構想出一個日後在義大利、乃至於全世界都大受歡迎的銷售方案——分期付款。

　　到了這裡,Vespa 的故事終於展開。早在第一年,生產線就不得不加快生產速度,以供應 2484 輛的訂單。

這個數字隨後迅速增長,從 1947 年的 1 萬 535 輛,到隔年的 1 萬 9822 輛,到了 1950 年就超過了 6 萬輛。第 100 萬輛 Vespa 在 1956 年 4 月出廠,適逢 Vespa 誕生的十週年紀念。

34 頁上　當年，比亞喬並沒有專精摩托車生產的員工，但憑著在航空機械製造領域的經驗，這家公司有出色的鑄造和板金加工技術。

34 頁下　1950 年代初，物流部門必須經手三個不同的產品線：Vespa、Ape 和 Moscone。

34-35 頁　在建立起真正的生產線之前，每輛 Vespa 機車都是手工組裝，由一名員工單獨作業，分為多個階段完成。

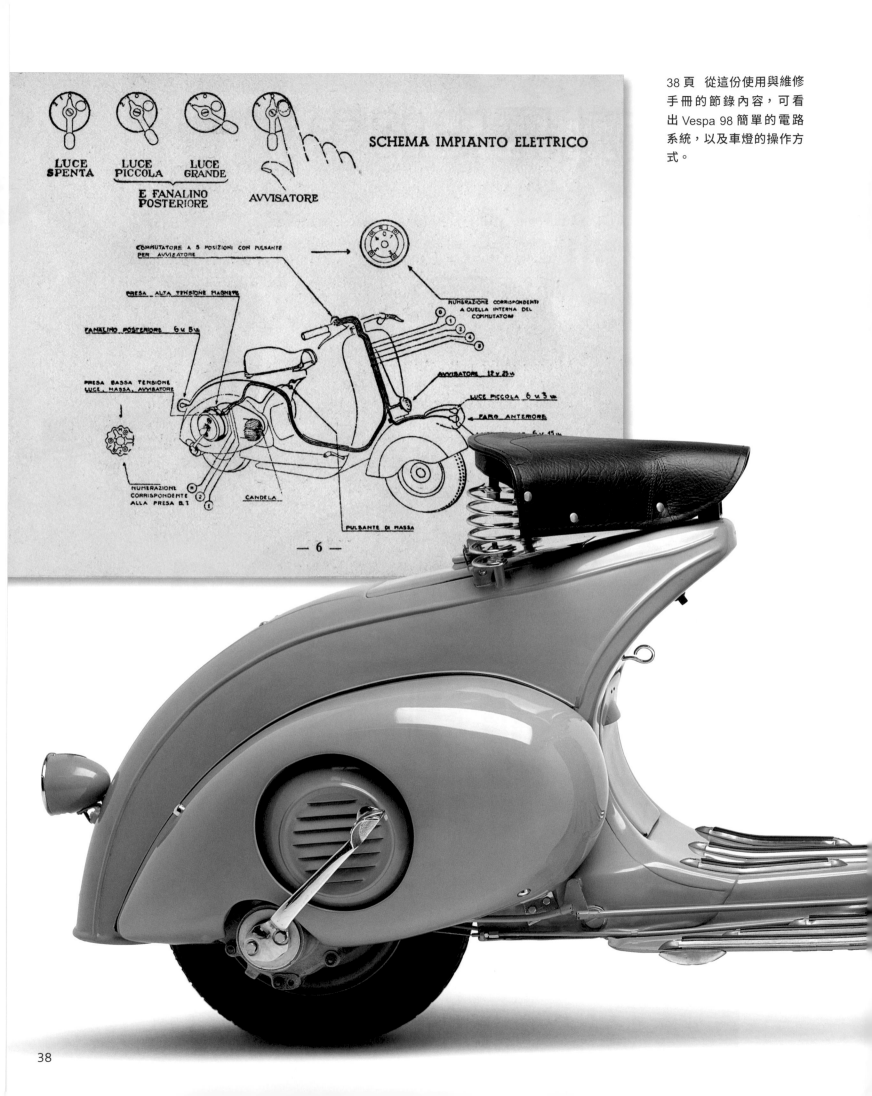

SCHEMA IMPIANTO ELETTRICO

LUCE SPENTA　　LUCE PICCOLA　　LUCE GRANDE

E FANALINO POSTERIORE　　AVVISATORE

COMMUTATORE A 3 POSIZIONI CON PULSANTE PER AVVISATORE

PRESA ALTA TENSIONE MAGNETE

FANALINO POSTERIORE 6 v. 5 w.

PRESA BASSA TENSIONE LUCE, MASSA, AVVISATORE

NUMERAZIONE CORRISPONDENTE ALLA PRESA B.T.

CANDELA

PULSANTE DI MASSA

NUMERAZIONE CORRISPONDENTI A QUELLA INTERNA DEL COMMUTATORE

AVVISATORE 12 v. 25 w.

LUCE PICCOLA 6 v. 3 w.

FARO ANTERIORE

— 6 —

38 頁　從這份使用與維修手冊的節錄內容，可看出 Vespa 98 簡單的電路系統，以及車燈的操作方式。

Vespa 98
1946 - 1948

　一切就是從這款車開始的：它的風格簡約、優雅，永不過時，但在 1946 年來看無疑是違反傳統的。車款名稱 Vespa 98 清楚指出了排氣量，這款車的製造結合了當時的技術，以及車廠原本在航空設計上的專長，為組裝線創造出巧妙的解決方案。當時沒有相似的車型（一年後 Innocenti 車廠才推出 Lambretta，成為 Vespa 98 的勁敵），所以唯一的對手只有傳統的摩托車。Vespa 98 使用較小的 8 吋可更換式輪圈，使用者不需要太大的動作就可以輕鬆上下車；配有寬闊的大盾，能幫騎乘者抵擋風、雨、冰霜，或是其他車輛彈上來的石頭。它還有一個很大的優點：非常可靠。

如果說它有什麼地方不完美，那就是不夠舒適。Vespa 98 的避震器很粗糙，難以吸收戰後坑坑巴巴的街道造成的顛簸，大多只靠座位下的彈簧。經過之後幾年的改款，逐漸演變成如今仍在使用的避震結構。

當初恩利可·比亞喬就是想製造一輛實用、保養費用低廉的兩輪車，這兩個條件 Vespa 98 都達到了。它的引擎構造很簡單，只有 3.3 匹馬力，最高時速 60 公里，而且很省油，只要 2 公升的 5% 機油混合燃料就足以行駛 100 公里。第一批出廠的 Vespa 98 用於測試，取得顧客提供的回饋，在上市短短一年後就馬上推出第二批。這一批做了許多修改，包括座椅、啟動踏桿、前土除、排氣系統，和用來減少震動的側導流板封條。從第一年開始生產線就必須加緊生產，才能滿足預定在 1946 年交車的 2484 輛訂單，1947 年急遽增加到 1 萬 535 輛，1948 年更達到 1 萬 9822 輛。

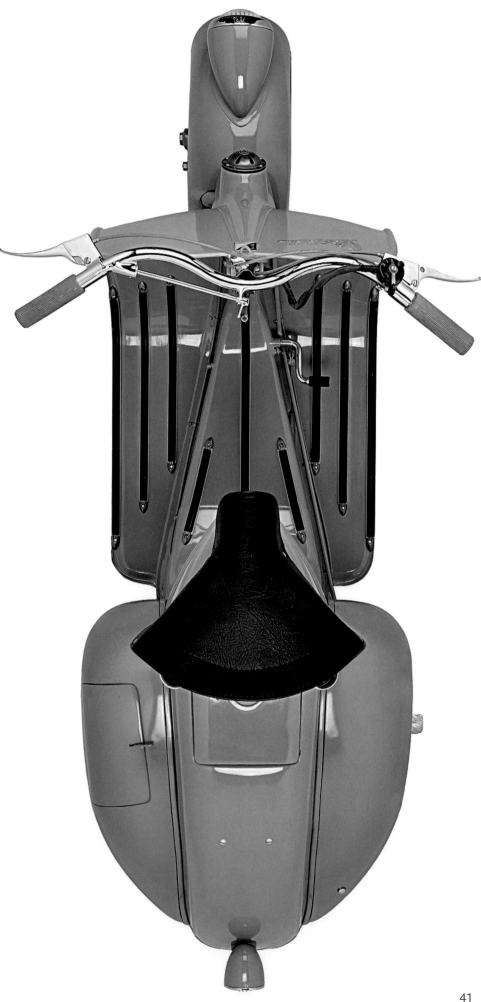

40 與 41 頁　從這兩張不同角度拍攝的 Vespa 98 照片，可看出 Vespa 的車型經過 70 多年的發展幾乎沒有改變。變速系統的換檔桿位於龍頭左手把。

VESPA 125 ELASTICO

1948 – 1950

在 Vespa 98 上市兩年後，為了滿足客戶對更高性能的要求，車廠做了一次改款。Vespa 騎士已經找到最好的方法，抵消側掛引擎的不良效應，但對於 Vespa 98 每小時 60 公里的極速已經無法滿足。改款後的 Elastico 二行程引擎提升到 125cc，馬力增加了一匹，時速可達每小時 70 公里。

三檔變速箱保持不變，仍沿用原本的連桿結構，這種「桿狀」換檔裝置是最早幾批速克達共有的一大特色。隨著 Vespa 在市場上流行，開始出現偷車賊之後，車款就加上了鎖孔，可用鎖頭鎖住轉向系統；另外也在油箱上加了備用油的設計，以免半路油料耗盡。這款車的三個批次總計賣出近 3 萬 5000 輛，最顯著的創新是在懸吊系統中加裝了螺旋彈簧，雖然依然稱不上是真正的避震器，但能明顯增加騎乘舒適度。

VESPA 125 FLESSIBILE
1951-1957

　　這就是讓 Vespa 揚名全球的車款，1950 年 12 月 30 日在米蘭發表之後，很快就出現在各地的經銷據點。在 1953 年的電影《羅馬假期》中，這款 Vespa 125 與葛雷哥萊・畢克和奧黛麗・赫本兩大巨星一同穿梭在一幕幕經典場景，電影上映後隨即帶動銷售量直線上升。這個新車款的外型維持不變，但在設計上終於第一次展露了對舒適性的追求。這款速克達已擺脫單純作為實用的平價兩輪汽車的角色，客戶端的要求也愈來愈多，其中包括為了參加競速比賽而購車的客群。

　　首先導入的第一個重要修改始於 Vespa Sport，前懸吊系統的螺旋彈簧搭配新增的液壓避震器，大幅降低了煞車或行駛於顛簸路面時的搖晃，明顯提升行車穩定性。

45 頁　電影《羅馬假期》中的奧黛麗・赫本是 Vespa 的完美代言人，把這個恩利可・比亞喬最鍾愛的車款最好的一面展露無遺。

此外還有一項更重要的革新：用更現代化的金屬纜線取代了連桿結構，使換檔更加精準順暢，同時消除了金屬換檔桿導致的振動。把手的彈性固定裝置、座墊、消音器，和從原本的圓弧狀改為方型的尾燈，也都在修改之列。

比較不明顯的更新是採用了新的板金加工技術，這項技術因美國的馬歇爾計畫而得以實現。馬歇爾計畫的資金挹注降低了生產成本，Vespa 125 的定價也從原本的 16 萬 8000 里拉降到 15 萬里拉，相當於今天的 77 歐元，但考慮到當時一名工人的平均薪資是 3 萬 2000 里拉，1 公升汽油要價 116 里拉，按照當時的生活開銷計算，相當於 2650 歐元。比起 Vespa 98 的定價，這個價格顯得競爭力十足。

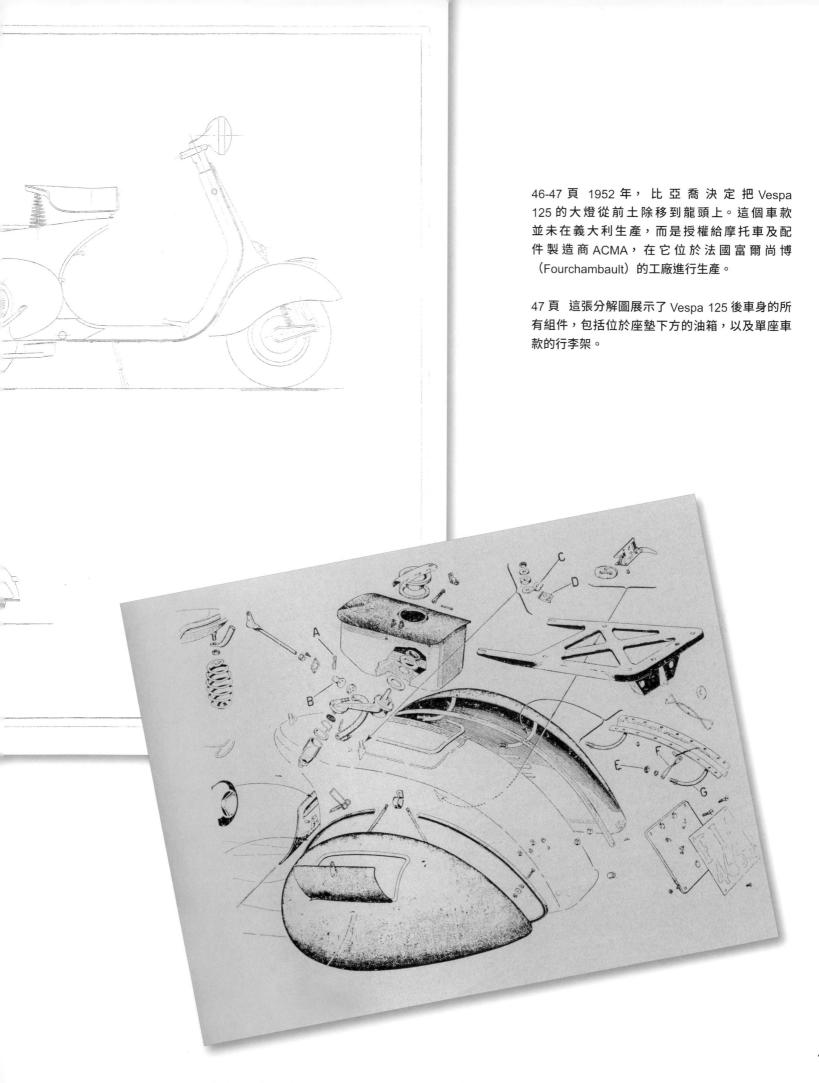

46-47 頁 1952 年，比亞喬決定把 Vespa 125 的大燈從前土除移到龍頭上。這個車款並未在義大利生產，而是授權給摩托車及配件製造商 ACMA，在它位於法國富爾尚博（Fourchambault）的工廠進行生產。

47 頁 這張分解圖展示了 Vespa 125 後車身的所有組件，包括位於座墊下方的油箱，以及單座車款的行李架。

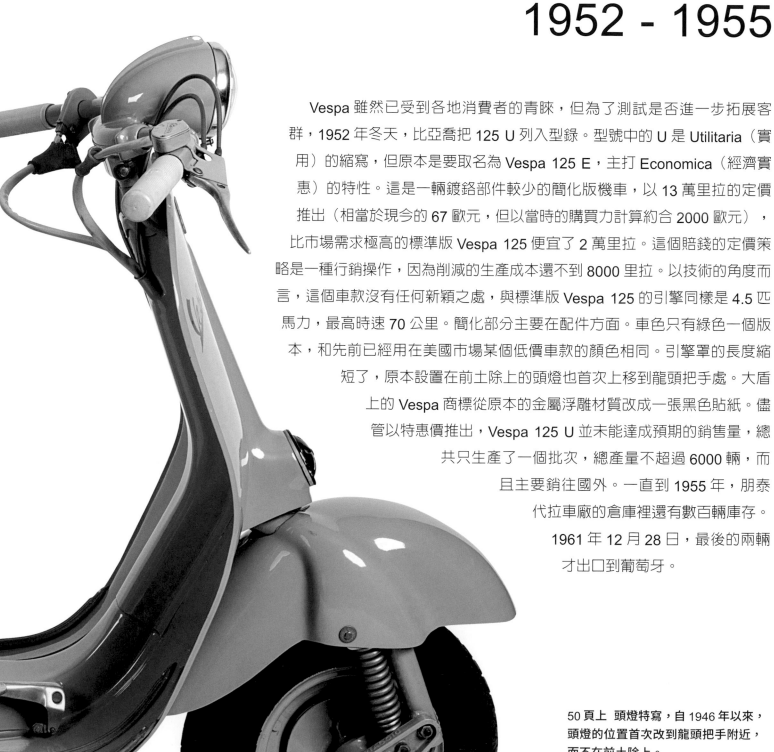

VESPA 125 U
1952 - 1955

Vespa 雖然已受到各地消費者的青睞，但為了測試是否進一步拓展客群，1952 年冬天，比亞喬把 125 U 列入型錄。型號中的 U 是 Utilitaria（實用）的縮寫，但原本是要取名為 Vespa 125 E，主打 Economica（經濟實惠）的特性。這是一輛鍍鉻部件較少的簡化版機車，以 13 萬里拉的定價推出（相當於現今的 67 歐元，但以當時的購買力計算約合 2000 歐元），比市場需求極高的標準版 Vespa 125 便宜了 2 萬里拉。這個賠錢的定價策略是一種行銷操作，因為削減的生產成本還不到 8000 里拉。以技術的角度而言，這個車款沒有任何新穎之處，與標準版 Vespa 125 的引擎同樣是 4.5 匹馬力，最高時速 70 公里。簡化部分主要在配件方面。車色只有綠色一個版本，和先前已經用在美國市場某個低價車款的顏色相同。引擎罩的長度縮短了，原本設置在前土除上的頭燈也首次上移到龍頭把手處。大盾上的 Vespa 商標從原本的金屬浮雕材質改成一張黑色貼紙。儘管以特惠價推出，Vespa 125 U 並未能達成預期的銷售量，總共只生產了一個批次，總產量不超過 6000 輛，而且主要銷往國外。一直到 1955 年，朋泰代拉車廠的倉庫裡還有數百輛庫存。1961 年 12 月 28 日，最後的兩輛才出口到葡萄牙。

50 頁上 頭燈特寫，自 1946 年以來，頭燈的位置首次改到龍頭把手附近，而不在前土除上。

VESPA 150 GS
1955-1961

Vespa GS 是最受喜愛的車款之一，至今仍是收藏家心目中的珍品，GS 是 Gran Sport 的縮寫，明確指出了這款速克達的運動性。GS 是第一款大量生產的 Vespa 跑車（共推出三個版本），在設計上整合了

專為競速和耐力賽所打造的 Vespa Sport 和 Vespa Sei Giorni 的開發經驗。這個車款的特出之處在於 7500 rpm 轉時可輸出 8 匹馬力的強力引擎，和可達 100 公里的最高時速——以當時的速克達來說，這樣的速度似

53 頁上、下 GS 的誕生提升了 Vespa 的性能，但如這兩張車身和引擎分解圖所示，它簡約的設計依舊保持不變。

Gruppo SCOCCA - Ensemble COQUE   T. IX/1

Gruppo MOTORE - Ensemble MOTEUR   T. I/1

乎是難以想像的。

　　對於這輛性能媲美摩托車的速克達是否可靠，起初有些人仍抱有疑慮，但事實上 Vespa GS 完全承受得起這樣的性能表現，因為比亞喬車廠在這個車款的機械和結構設計上導入了重大的更新。

　　設置在龍頭把手上的頭燈在 Vespa 中已不是首見，但加長版座椅則是新的設計，讓騎士能夠採取符合空氣動力學的騎乘姿勢。更重要的是輪圈直徑從 8 吋改為 10 吋，變速器則從三檔提高到四檔。

　　Vespa 150 Gran Sport 只推出金屬鋁灰一個顏色，有特殊的壓鑄把手，中央有引人注目的車速表，刻度最高是 120 公里。在測試階段，為了讓這輛高性能的機車駕駛起來更順暢，比亞喬導入了更高效、更精密，含

雙向液壓避震器的懸吊系統；另一方面由於油耗表現不符期待（3 公升跑 100 公里的預估油耗顯然過於樂觀），油箱容量也從 6.5 公升加大到 12 公升。1955 年第一批出廠的 1 萬 2300 部 GS，銷售成績遠超出預期，接下來幾年出廠的批次也同樣暢銷：1956 年至 1958 年售出了 3 萬 4040 輛，到 1961 年累積達 8 萬輛。銷售上的成功也使這款車價格上漲，從第一代 GS 的售價 17 萬 8000 里拉（換算今日幣值約 92 歐元），到末代 GS 已達 20 萬 5000 里拉（約 106 歐元），以實際購買力計算約為今天的 2640 歐元，但今天想買到一部原版的 Vespa 150 GS，必須投下大約 1 萬到 2 萬歐元。

54 頁　左側殼內是放置電池的位置，此外仍有少許置物空間，方便車主存放隨車物品。

55 頁　Vespa GS 是第一款極速可達 100 公里的 Vespa 機車，時速表的刻度上限是 120 公里。

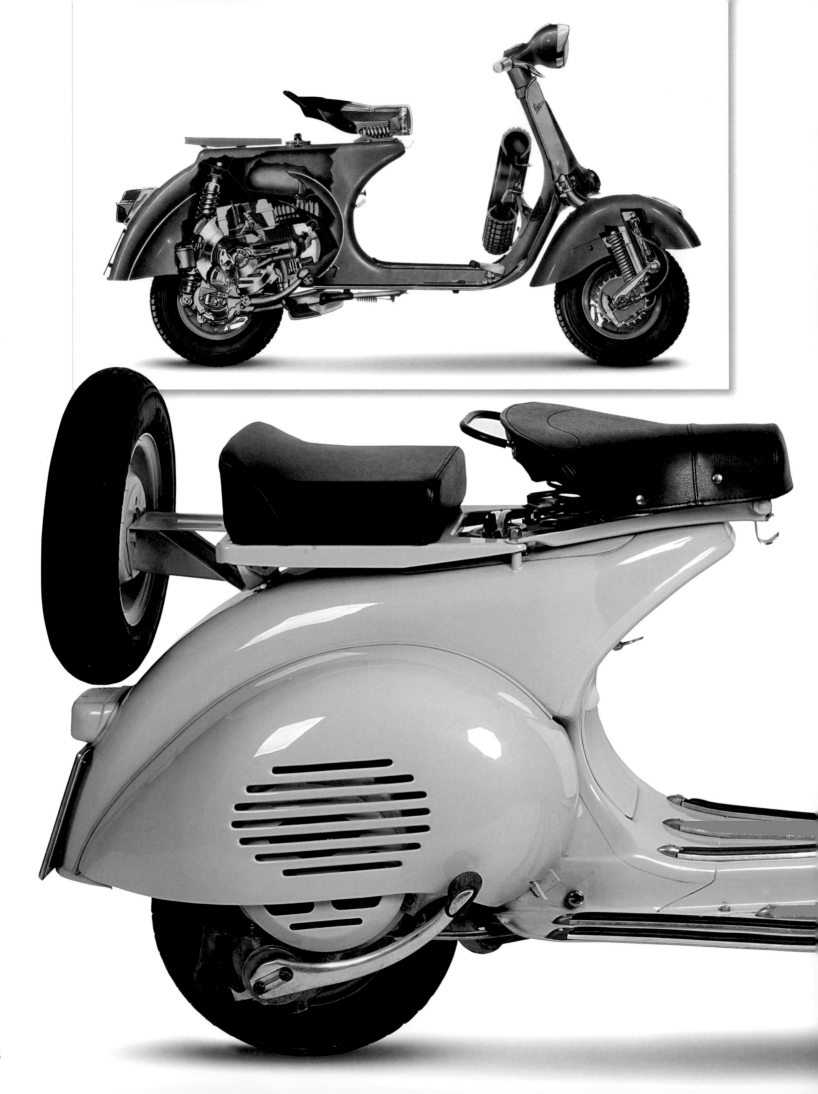

VESPA 150 VBA
1958-1967

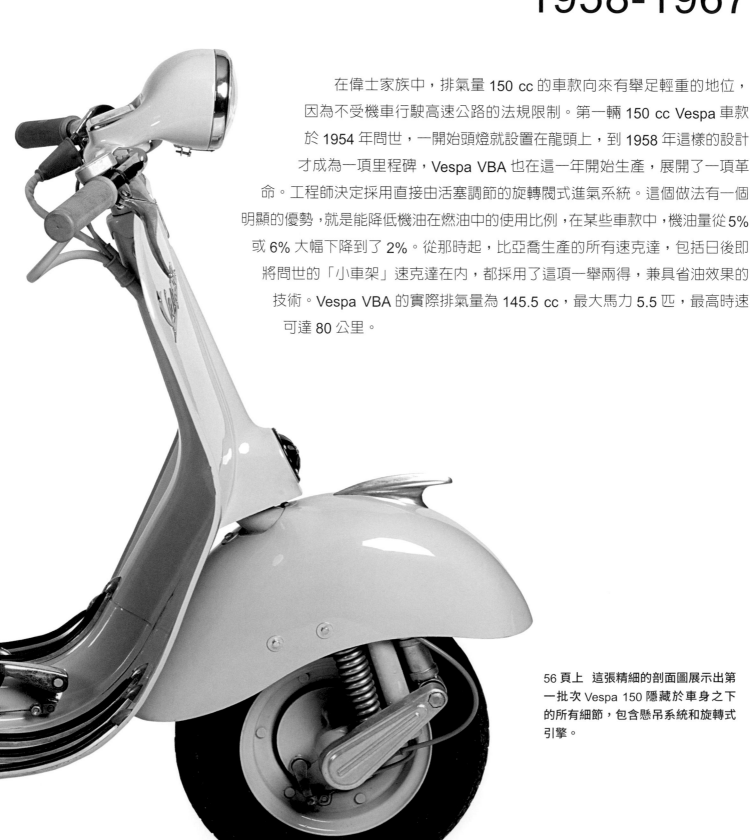

在偉士家族中，排氣量 150 cc 的車款向來有舉足輕重的地位，因為不受機車行駛高速公路的法規限制。第一輛 150 cc Vespa 車款於 1954 年問世，一開始頭燈就設置在龍頭上，到 1958 年這樣的設計才成為一項里程碑，Vespa VBA 也在這一年開始生產，展開了一項革命。工程師決定採用直接由活塞調節的旋轉閥式進氣系統。這個做法有一個明顯的優勢，就是能降低機油在燃油中的使用比例，在某些車款中，機油量從 5% 或 6% 大幅下降到了 2%。從那時起，比亞喬生產的所有速克達，包括日後即將問世的「小車架」速克達在內，都採用了這項一舉兩得，兼具省油效果的技術。Vespa VBA 的實際排氣量為 145.5 cc，最大馬力 5.5 匹，最高時速可達 80 公里。

56 頁上　這張精細的剖面圖展示出第一批次 Vespa 150 隱藏於車身之下的所有細節，包含懸吊系統和旋轉式引擎。

這是現代的第一款 Vespa 125。這個車款首次正式導入將大燈裝在龍頭上的設計，在此之前的所有車款都承襲 1946 年的設計美學，大燈是安裝在土除上的。這樣的設計之前已經運用在平價車款 Vespa 125 U 上，只是 125 U 仍採用鋼管把手，到了 1958 年的車款才開始改用壓鑄把手，而演變成日後的經典流線造型。這個階段的引擎仍是標準引擎，直到 125 VNB1T 才導入了重大修改。這款車排氣量 123.7 cc，配備三段變速，採用 4.5 匹馬力旋轉式引擎，最高時速 75 公里，使用 5% 機油混合燃料。在這款 Vespa 125 中，比亞喬車廠利用馬歇爾計畫提供的資金，從美國購得了特殊壓力機，大幅調整了車身壓鑄技術，使組裝流程得以簡化。自 1958 年開始，車殼改分成兩半從中間焊接在一起，這項技術創新最明顯的成效在於降低定價。新型 Vespa 125 的定價從前一個車系的 13 萬里拉降到 12 萬 2000 里拉（換算今日幣值為 63 歐元，但考量通貨膨脹率和生活費用指數，價格相當於今天的 1655 歐元）。

VESPA 125 VNA1T
1958-1960

VESPA 160 GS

1962 -1964

繼 Vespa 150 GS 創下銷售佳績之後，比亞喬決定在下一個系列加大排氣量，不過結果性能並未沒有顯著的提升。Vespa 160 的實際排氣量為 158.5 cc，相較於它的前身，馬力只些微增加了 0.2 匹，不足以跨越 100 公里的最高時速門檻。和 Vespa 150 比起來，車色改成較淺的灰色，座椅的外型線條顯得較筆直，車身也導入了一些新設計。

61 頁　除了排氣量升級之外，Vespa GS 也導入了一系列新元素，包括車尾座椅下方的置物箱。

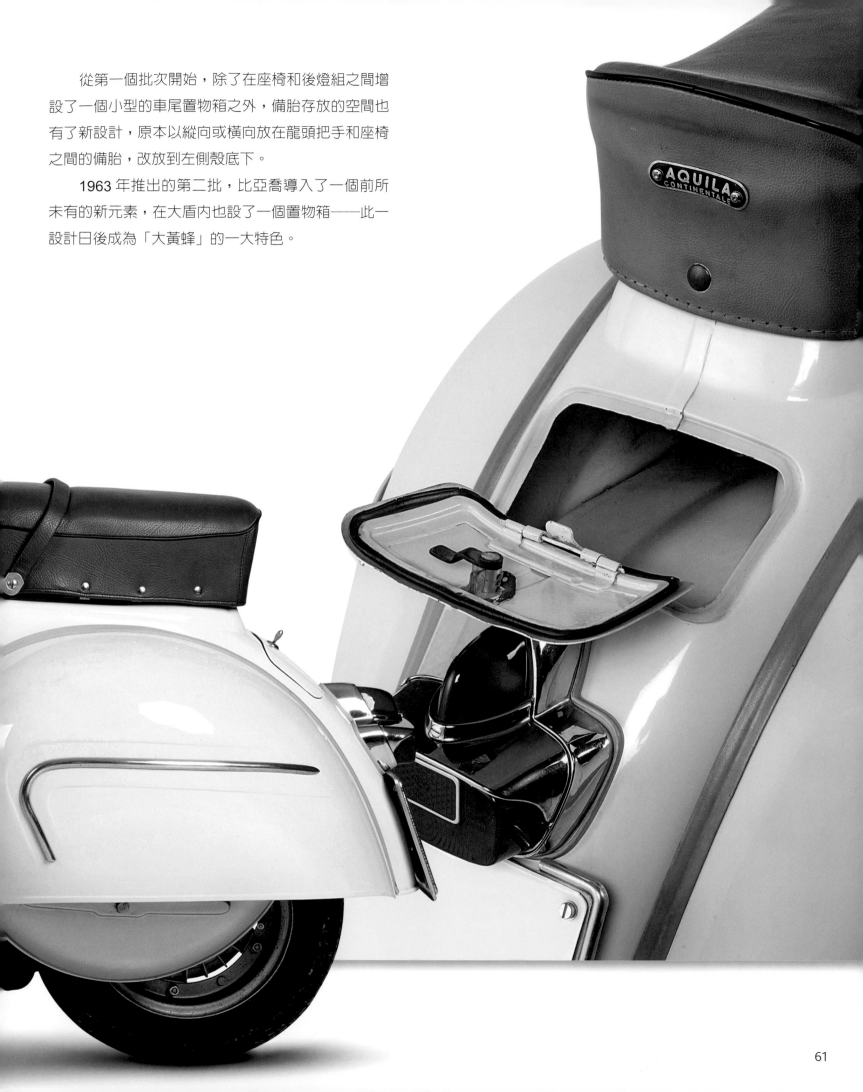

從第一個批次開始，除了在座椅和後燈組之間增設了一個小型的車尾置物箱之外，備胎存放的空間也有了新設計，原本以縱向或橫向放在龍頭把手和座椅之間的備胎，改放到左側殼底下。

1963 年推出的第二批，比亞喬導入了一個前所未有的新元素，在大盾內也設了一個置物箱——此一設計日後成為「大黃蜂」的一大特色。

這款車要傳達的訊息是：「大家都以 Vespa 代步吧！」自 1963 年起，16 歲以上持有駕照才能駕駛的車款宣告停產，比亞喬車廠也在此時首次推出一個 50 cc 的車款，讓 14 歲的少年也得以騎上令人夢寐以求的 Vespa。當時的廣告標語說：「免牌照駕照也可駕駛」，而實際上連保險和安全帽都不是強制性的，換言之要擁有這輛車，9 萬 8000 里拉的購車費用是唯一的大筆支出。

VESPA 50 N

1963-1971

在義大利，很少有人認識 Vespa 90 這個主要保留給海外市場的車款，它在「小黃蜂」當中屬於中等排氣量的款式。這是比亞喬首次嘗試以 Vespa 50L 為基礎提升排氣量，除採用較大的後燈組，並以 10 吋輪圈取代傳統的 9 吋輪圈外，這款車與 50L 並無二致。標準配備包含了車速錶和里程錶，相較於輕型摩托車，引擎性能顯得分外出色，最大馬力 7.2 匹，官方公布的極速是每小時 80 公里，而且很省油，1.8 公升可跑 100 公里。Vespa 90 只有淺藍色一個車色，搭配同色系的深藍色廠徽和座椅。在四年的銷售期間共生產了 2 萬 4000 輛，雖然稱不上是暢銷車款，但無疑是個值得紀念的車款，因為史上最具戰鬥力、最大膽的小型速克達跑車 Vespa 90 SS，正是以這個車款為基礎開發出來的。

VESPA 90

1963-1967

VESPA150 GL
1962-1965

69 頁 零件總數不變，然而為了提昇質感，Vespa GL 更注重細節的設計。

Vespa 的競爭對手蘭美達機車於 1960 年代初期發動攻勢，在品質和後處理方面取得了長足的進步，為了回擊，比亞喬在 1962 年秋季的米蘭車展上推出了全名為 Vespa Gran Lusso 的 Vespa GL。這個車款以常規的 Vespa 150 為基礎製造，是第一個專為旅行而設計的車款，配有 10 吋輪圈（和充滿運動感的 Vespa GS 一樣），也因此需要重新調整齒輪比及其他重要細節。它的煞車系統經過強化，車體也升級以增加騎乘舒適度，車身線條顯得新穎而優雅。更輕薄的前土除、強調車身線條的鍍鉻飾條和鋁質飾邊，以及 Vespa 史上首見的梯形頭燈，都讓這個車款顯得與眾不同。Vespa 從 1946 年以來持續傳承的圓潤輪廓不再，取而代之的是稜角分明的細部，預先指出了市場的趨勢。Vespa 150 GL 有象牙白和鋁灰兩個車色，是日後的 Sprint、Sprint Veloce、GT、GTR、TS，和最後一款的 PX 等所有「大車架偉士」的前身。

Vespa GL 共出廠並售出 7 萬 9855 台，被譽為 1960 年代最優雅細緻的 Vespa 車款，以及 Vespa 七十多年發展史中品質最高的車款。GL 的設計展現出對細節無微不至的重視，其中包括設有橡膠防塵套來保護電路線的新型後刹車踏板。它的廠徽也是獨一無二，藍色的字體採傳統斜體字。基本款的 Vespa 150 GL 是帶有行李架的單座車款，定價 15 萬 6000 里拉（約合今天的 80 歐元，但以購買力估算約相當於 1900 歐元），雙座為選配。

VESPA 50 L
1966-1970

比亞喬車廠以第一代基本款的 Vespa 50 N 初試啼聲即順利達陣，成功降低了進入 Vespa 世界的年齡門檻，培養出從 14 歲起跳的忠實粉絲群。1966 年秋天推出的 50 L（為義大利文 Lusso 的縮寫，意思是「豪華」）在後處理和配備的水準上更接近其他排氣量較大的速克

達。售價高出了 7000 里拉（價差約合今天的 3.6 歐元，在當時可購買 58 公升的汽油），豪華版顯得奢華得多了。若撇開簡化版全塑膠材質的尾燈不看，50 L 的整體外觀無可挑剔，包括大盾的鋁邊、鍍鉻頭燈框、腳踏板上的鋁邊橡膠防滑條，以及安裝在座位下方的實用彈壓式置物箱。

　　和較大型的 Vespa 一樣，50 L 的土除上設有金屬廠徽，而為了提高舒適性，採用了有雙向避震功能的液壓前懸吊系統。50 L 是唯一配備 9 吋輪框的 Vespa 車款，並遵照交通法規沿用 1.5 匹馬力、最高時速 40 公里的引擎，讓滿 14 歲的年輕人無需牌照駕照也能駕駛。

VESPA 90 SS
1965-1971

Vespa 90 由於性能平平，市場迴響並不熱烈，有鑑於此，比亞喬決定把 Vespa 150 GS 的戰鬥力灌注到「小黃蜂」身上，打造出一輛運動性十足的小車架偉士。工程師以四速 125 cc 引擎為基礎，修改了標準版 Vespa 90 引擎的氣缸蓋、活塞和氣缸，仔細調整掃氣孔，以取得最佳性能表現。此外配上標準的 16mm 化油器，加上獨樹一幟的鍍鉻魚雷管消音器，成功做出 6 匹馬力的引擎，反觀標準版 Vespa 90 的最大馬力不超過 3.6 匹，而 Vespa 125 Nuova 則僅止於 4.5 匹馬力。

至此全名為 Vespa 90 Super Sprint 的 Vespa 90 SS 已開始成形（日後 Vespa 50 SS 亦將加入這個行列），為了賦予它一個有別於傳統的外型，以增加識別度，工程師決定進行大幅度的修改。他們縮減了大盾的寬度，使它更符合空氣動力學，並採用寬度較窄、末端略向下彎的龍頭把手，還把備胎縱向設置在腳踏板的正中央。用來固定備胎位置的假油箱實際上是置物箱，上面裝有護墊，讓騎士採取上半身前傾的跑車駕駛姿勢時更舒適。置物箱的存在使得座椅無法以原本的方式打開，坐墊鉸鍊因此移到座椅後側。

改造成果是一輛操控敏捷的高性能速克達，官方極速每小時 93 公里，使這款車特別適合環義大賽（Giro d'Italia）一類的公路賽事和金卡納賽車。Vespa 90 SS 的重量只有 77 公斤，且魅力十足，但並未獲得應有的銷售佳績。90 SS 停產之後，比亞喬車廠於 1971 至 1974 年間製造了 3515 輛的 90 gPS（完整名稱為 Vespa 90 Gruppo Piloti Speciali），一個與 90 SS 相同技術規格，但不含備胎與上方置物箱的款式。90 SS 到了生涯尾聲，總計才由朋泰代拉工廠出廠了 5308 輛。最近幾年，90 SS 才鹹魚翻身，成為藏家爭相詢問的稀有車款，成交價格超過 1 萬 5000 歐元。各種改裝工具組也隨之問世，最低只要花 1000 歐元，就可以把一輛舊型的 Vespa 50 改裝成一輛非原廠的 Vespa Super Sprint。

要對像 GS 這麼成功的系列進行世代更新並不是容易的事。比亞喬選擇再次提升排氣量，從 160 cc 增加到 180 cc（精確地說是 181.1 cc），取名為 Super Sport 上市銷售了四年，才過渡到新系列 Rally。較方正的形狀退流行之後，比亞喬重返經典形式，為新款

的 Vespa 180 Rally 配備了典型的大型鍍鉻圓框頭燈，提升夜間駕駛時的能見度。與先前幾個車款相比，Rally 風格較簡約，車殼和土除不再有亮面的金屬邊飾，是純粹的旅行車取向。旋轉式引擎做了更新，龍頭把手也採用新的材料來製作，並由原先的灰色改為

79 頁　鍍鉻底座的尾燈是第一批次獨有的特色，後來的批次改用全塑膠材質的紅色尾燈。

VESPA 180
RALLY
1968-1973

黑色。Vespa 180 Rally 總共生產了五年,出廠超過 2 萬 6000 輛,後來才被 Vespa 200 Rally 取代;200 Rally 正式導入電動發動系統,是 Rally 家族中馬力最強的車款。

80 頁左上　電動開關首次採用黑色塑膠材質，並配合龍頭把手方正的形狀。

80 頁右上　Vespa 50 Special 的標準長方形鍍鉻框頭燈，在 50 cc 車款中顯得與眾不同。

VESPA 50 SPECIAL
1969-1983

Vespa 50 L 由於外型和 125 Primavera 相似,而廣受 14 歲年輕人喜愛。只需以雙座座墊取代暱稱「駝峰」(gobbino)的單座座墊,再加上尾燈,外觀就盡善盡美了。然而在 1969 年的米蘭車展上,比亞喬為這個 Vespa 中最小的車款推出了新版本,命名為 Special。美學上,新車款採用了有稜有角的龍頭把手、長方形頭燈,土除上的廠徽加大了,大盾中央的「領結飾蓋」(cravattino)尺寸也加大,且顏色與黑或灰的車身形成對比,但這些外觀上的變革並未引起注意。最早幾個階段生產的 50 Special 與同期推出的 Vespa R 有相同的技術規格;早在 1972 年,Vespa 50 Special 就採用了較大的輪框,輪徑從 9 吋增加到 10 吋,並全數採用可拆式的輪圈,以便輪胎刺破時更換。1975 年,隨著第二個批次的推出,也引進了四段變速箱,而未獲升級的 Vespa R 則宣告停產。Vespa 50 Special 始終在暢銷車款中榜上有名,14 年間共售出 75 萬 3637 輛。

82 頁　左側蓋上增設了一個鉸鏈蓋，電池裝在這裡，供應電動點火系統。

1969 年秋天的義大利「米蘭自行車暨摩托車展」，比亞喬在自家展位上展出一系列新產品，其中包括一輛外型不太一樣的 Vespa 50 Special，它的點火開關設在龍頭中央，左側蓋上設有一個沒有通風口的鉸鏈蓋。這個車款就是 Vespa 50 Elestart，一輛因應女性使用者需求，配備有電池並導入電動發動系統的改版 Vespa 50。以踩發方式發動 49.8 cc 的 Vespa 引擎本來就不需要特別用力，但技術人員還是堅信這項更新會有吸引力，車款的售價也從 50 Special 的 13 萬 2000 里拉調漲到 16 萬 2000 里拉，貴了 3 萬里拉（相當

於今天的 15 歐元），而當時義大利工人的平均月薪是 12 萬 3000 里拉。雖然自 1990 年代中期以來，電動發動系統已成了所有速克達不可或缺的功能，但在那個摩托車騎士習慣使用踏桿來發動引擎的年代，這項功能顯得很多餘。結果銷售數字證明 50 Elestart 的實驗以失敗告終，配有三段變速箱的第一個批次僅售出 7373 台，升級到四段變速箱的第二批次銷售成績更加慘淡，只售出 432 輛，在 1975 年上市幾個月就宣告停售。

VESPA 50 ELESTART
1969-1975

VESPA 200
RALLY

1972-1979

在速克達專家的眼中，這是歷史上最具代表性的車款，集技術、快速巡航和風格於一體。這是第一個配備 Femsa（西班牙磁鐵廠）的電子啟動器的 Vespa 車款，而針對義大利市場所推出的機油箱自動混油裝置也在這個車款上首次登場。事實上，比亞喬車廠早在 1968 就為這項裝置申請了專利，並運用在外銷車款上。

Vespa 200 Rally 由 1968 年的 Vespa 180 演化而

來，在以比亞喬車廠資深試車員暨賽車手朱塞培·考（Giuseppe Cau）為首的死忠偉士迷心目中，這個車款完美展現出科拉迪諾·達斯卡紐設計理念的精髓。工程師成功設計出更近似摩托車的輸出扭矩。在朋泰代拉一帶，這是前所未見的創舉，甚至在它的前身、速度飛快的 Vespa GS 身上也未曾出現過。

這是比亞喬車廠首次推出排氣量 200 cc 的車款，也是標準引擎所達到的史上最高排氣量（專業賽車廠

86 頁上　大盾內側的置物箱承襲自 180 Rally 的設計，空間比前幾個車系大。

86 頁下　200 Rally 也提供配備有機油箱自動混油裝置的版本，可透過透明油表檢查油位。

87 頁　這個車款把二行程引擎的排氣量推向頂點，後來在 1977 年底問世的 Vespa Nuova Linea PX 也沿用這個引擎。

曾做出 231 cc 的排氣量）。除了側蓋和前土除上貼有的白色賽車彩條之外，前懸吊系統的彈簧和前土除頂部的霧面黑冠，都使這個車款顯得格外醒目。200 Rally 旨在以無與倫比的跑車性能，帶來驚豔的騎乘感受，廣告中宣稱的 110 公里最高時速就強調了這一點。Vespa 200 Rally 不負使命地達成了目標，購車民眾也願意在下單後等上好幾個月。

200 Rally 正式打破了實用型車款和運動型車款的區隔，這種區隔也隨著日後 Vespa PX 的推出而走入歷史（唯一例外是 Vespa T5 Pole Position）；它也是最後一個全車採用板金材質而不含任何塑膠零件的車款。上市時間從 1972 年到 1979 年，直到 Vespa Nuova Linea 問世之後仍持續銷售，總共賣出 4 萬 1275 輛。

VESPA 125 ET3 PRIMAVERA

1976-1982

這是俗稱「小黃蜂」的小車架偉士的最末代。它的車身更纖細輕巧，側蓋直接焊在車身上，無法拆卸。小黃蜂的成功始於 1965 年的 125 Nuova，延續到 1968 年的 Primavera，締造驚人的銷售成績。自 1970 年代中期開始，它成了年輕族群夢寐以求的產品，如今仍受到青壯人口喜愛。

繼充滿賽車風格的劃時代車款 Vespa 90 SS 之後，這又是一個以運動型改版重新詮釋舊有車款的成功案例。ET3 於 1976 年推出，同時向大車架和小車架偉士家族中速度較快的車款致敬，保留備受讚賞的美學和技術細節，如側蓋和土除上的長貼紙強調了繼承自 200 Rally 的電動發動功能，魚雷形的排氣管與 90 SS 的排氣管外型相似，但採黑色霧面噴漆而非鍍鉻處理。

Vespa 125 ET3 能成功吸引年輕人，部分原因在於引擎的調校，在單汽缸引擎中導入第三掃氣孔，在此之前只能透過 Pinasco（皮納斯科）和 Polini（波里尼）等專業改裝品牌販售的性能套件自行改裝。這項調整提升了加速性能，更重要的是極速提升到每小時 95 公里以上；標準版 Primavera 只能勉強達到 90 公里。

電動發動技術的導入解決了白金接點的耐用性和磨損問題，唯一的缺點是需要在左側蓋的置物空間中安裝一個控制單元，減少了原本就很有限的置物容量。

當時 ET3 的定價是 48 萬 7000 里拉（約合今天的 250 歐元左右，以實際通貨膨脹率和生活費用指數估算，相當於 5027 歐元），有丹寧藍、橘紅、山楂花白、月光灰和海水藍五種顏色，丹寧藍總是最受歡迎的。

座墊採用仿丹寧質感的合成纖維布料包覆製成。讓死忠偉士迷難過的是，這個車款在 1982 年宣告停產，如今仍有 14 萬 4211 輛在市面上流通。

90 頁 如同 Primavera 125 一樣，性能更強大的 Vespa 125 ET3 也是專為年輕族群設計的，圖為當年宣傳手冊上的照片。

91 頁 除了龍頭鎖之外，Vespa 125 ET3 的把手上設有一個防盜鑰匙孔。

1991 年，PK 系列正式與小車架偉士畫上等號時，比亞喬車廠出人意料地推出了一個以 1960 年代的小黃蜂為基礎的復刻版車款。事實上，小黃蜂的鋼模未曾廢止不用，而是持續用來生產主要外銷日本的車款。Special Revival 是紀念版車款，限量推出 3000 輛，每輛都有一塊標註生產序號的紀念銘牌，車身有莧紅、藍和銀三種車色，皆為金屬色。與其說這是 Vespa Special 的復刻版，其實它更像 Vespa R 的再版，只是配上 10 吋的輪圈，而不像 1970 年代的 Vespa R 採用 9 吋輪圈。大盾中央不再有領結飾蓋，頭燈並非 Vespa Special 典型的正方形頭燈，而是更類似 Vespa Primavera 的圓形頭燈，但尺寸較小，另外還有里程錶。Special Revival 的廠徽採用斜體字，與頭幾批次 Vespa 50 的廠徽類似。限量 3000 輛的其中之一仍保存在朋泰代拉的比亞喬博物館，編號 0001，這輛車背後有一段不同凡響的故事。1991 年，恩利可的妻子寶拉·比亞喬（Paola Piaggio）女士把這輛車送給時任「國際偉士俱樂部聯盟」主席的克莉斯塔·索爾巴赫（Christa Solbach），2004 年索爾巴赫再把這輛車捐回給比亞喬博物館。

105 頁　偉士車主暱稱為「駝峰」的單座座墊凸顯了復古風格。

104 頁　標準配備包括結合里程錶功能的經典車速錶。

VESPA PK 50 HP
1991-1999

　　這個車款具備了所有經典 Vespa 的特色元素,從板金車身,到設在龍頭把手上的換檔裝置,以全力抵擋正在進攻年輕市場的塑膠製速克達。它的確有過去的 Vespa 50 所沒有的非結構性塑膠部件,包括後擋泥板、後土除、前保桿和坐墊飾條。這是法定馬力限制放寬後的新一代車款(但最高時速仍不能超過 45 公里)。PK 50 HP 有 4 匹馬力,因為採用了較大的化油器、搭配的曲軸,和重量僅 1.35 公斤的輕量化飛輪,

這也是 Vespa 機車引擎所採用過重量最輕的飛輪。憑藉上述特性,PK 50 HP 得以和各種新一代速克達分庭抗禮,但由於比亞喬未能修改它的二行程引擎以符合合歐盟一期廢氣排放標準,這個車款被迫在千禧年停產,交棒給 1996 年即已上市的 ET 自排系列。

1996 年，Vespa 又開啓了一個新的篇章。此時千禧年即將來臨，又是品牌創立 50 周年，比亞喬為這輛一路伴隨義大利社會從戰後走向 1980 和 1990 年代經濟繁榮的速克達，在引擎、車身、外觀各方面進行了全面更新。這是一次徹頭徹尾的轉化：至今仍受堅持正統的車迷所熱愛的把手換檔——這種換檔機構在不朽的 Vespa PX 上一直沿用到公元 2000 年以後——終於被當時已非常普及的自動變速取代。這款 Vespa 在當年充斥鋼製車架、塑膠外殼的速克達市場上造成轟動。

朋泰代拉總公司不理會市場誘惑，堅持自己的路線，繼續生產鋼製單體車架和全金屬的外部結構。當然這樣的機車生產成本較高，但行駛起來比較穩定，騎乘體驗更好，也更顯得品味出眾。當年這個產品線深具現代感，又與傳統緊密結合，兩邊的側蓋不再用來隱藏引擎和備胎，而是單純發揮美觀功能——沒錯，引擎已經移到中央，並採用 1990 年代技術規格的自動無段變速系統，但這項技術一直到 21 世紀仍未過時。

這是一輛更現代、更優雅的 Vespa：比亞喬車廠

VESPA ET2/ET4

1996-2004

的風格研發中心找到了一種人見人愛的中性風格。不斷在傳統與創新之間穿梭的 Vespa 首次推出了幾種現代化引擎，除了 ET4 的二汽門四行程引擎之外，更重要的是在 ET2 Injection 二行程引擎上首次導入直接噴射供油系統，可節省 30% 的油耗和 70% 的排放，對日益嚴格的廢氣排放標準下漸漸式微的小型二行程引擎而言，這似乎是一個轉機。Vespa 又一次發揮創新能力，同時展現出比亞喬集團的科技實力。

108-109 頁 Vespa ET 洗鍊的線條，是 Vespa 在設計上的轉捩點，從此 Vespa 展開了一段持久的變形過程，但永遠以自身傳統為宗。

VESPA PX 125-150 碟煞版

1998-2017

　　即使到了今天，稍微觀察一下就可以知道 PX 一直是
Vespa 有史以來最受歡迎的車款之一。雖然最近幾年銷量下
滑，已在 2017 年底宣告停產，但目前仍是義大利海內外數百萬
騎士的日用代步工具。Vespa PX 在 30 年的銷售期間一共售出
了超過 300 萬輛，幾乎和汽車的銷量差不多，在市場上流通
的量也很大，很多車主堅持繼續維修而不願脫手，因此 PX 的
二手價一直居高不下。

　　Vespa PX 側偏的二行程引擎有 125 和 150 cc 兩種規格
（200 cc 版本因為無法解決觸媒問題而被淘汰），配備傳統的
氣冷風扇（ventolone）、位於把手的四速換檔裝置、加高避震
和小輪徑輪圈。從 1977 年上市開始，PX 始終保持原始版本
的所有特徵，捨棄某些為了使用方便所做的常見設計
（如座椅下方的置物箱），以及其他較現代的操控和
安全特點。如今選擇 Vespa PX 的人不
是為了它的科技含量，而是它
所代表的生活風格。

　　這一切在在展現了
PX 至今歷久不衰的魅力。
它在漫長的銷售生涯中，
很多細節都更新過，但整

111 頁　PX 不因進入現代而有絲毫妥協，是 Vespa 中最經典的車款。左把手上的四速換檔裝置是 PX 必不可少的一部分。

體沒有任何改變。2001 年，當時年銷售量仍有 2 萬輛的 PX 經歷了最重大的技術升級，也就是導入前碟煞；另外座椅、握把、儀表板的外型也經過微調，並改用鹵素頭燈。PX 在 2006 年一度停產，2011 年復產，以回應車迷排山倒海的要求，但最後還是必須宣告停產，因為這顆聲浪獨特的單缸二行程引擎已無法符合日趨嚴格的環保要求。一部無可修改、不受潮流影響的經典車就這樣走入歷史，令很多人大表惋惜。

VESPA GRANTURISMO 125-200
2003-2007

　　剛開始，比亞喬車廠專注於生產較大型的 Vespa 車款，一直要到 1960 年代才推出 50 cc 和 125 cc 的小車架偉士，而新一代自動排檔的 Vespa 則是完全相反，50cc 和 125 cc 的小型車款首先進行更新，成為 ET2/ET4 系列，而後才輪到大黃蜂的更新。2003 年，Vespa 推出第 138 個車款，型號 Granturismo（簡稱 GT），與不朽的 PX 互相輝映。新上市的 GT 有 125 cc 和 200 cc 兩種排氣量，大致仍忠於原始的 Vespa 設計原則，包括金屬車身，但也增添了一些重要的新元素，如加大至 12 吋的前後輪並附碟煞、可收進車身的後座踏板、座墊下方的安全帽收納箱。這也是 Vespa 首次採用水冷式引擎。大盾內側的置物箱兩邊設有格柵紋散熱片，可把氣流引導到散熱器，同時無損於車身的俐落感。兩種排氣量的引擎分別是 15 匹（根據歐盟標準，這是持汽車駕照所能駕駛的機車馬力上限）和 20 匹馬力。最早的 GT 有一項外型特色，即 LED 尾燈組與車身表面齊平，這項創新並未得到賞識，後來由較傳統的尾燈組取代。

112 頁 這是第一個現代「大黃蜂」車款，它也沒有辜負大家的期望。Vespa 推出 B 級駕照持有人可駕駛的 125 cc 機車引擎，以因應不斷改變的歐盟法規。

VESPA GTS 250 I.E.
2005 年起

比亞喬車廠很愛各式各樣的周年和紀念日，因為這是推出新車款的絕佳時機。ET 系列（以及後續的 LX 系列）的問世，幫助 Vespa 在現代速克達的世界中重新站穩腳步，同時保有經典名車的非凡魅力。在 Vespa 悠久的歷史中，偉士家族向來分成兩種車架：小車架的小黃蜂和大車架的大黃蜂；大車架車款一直在比亞喬的速克達產品線中具有技術指標的地位，用來展示 Vespa 卓越的馬力、性能和速度。

Vespa GTS 250 I.E. 在 2005 年問世，它的車身很大，配有高性能的四行程水冷引擎和電子噴射系統。在理念和實踐上，GTS 250 I.E. 繼承了 50 年前（又是一個值得慶祝的周年）由 Vespa Gran Sport 開啓的運動型大黃蜂傳統。當然這是自動變速車款，車身變寬了，讓騎士、乘客和行李有更寬闊的空間。採 12 吋輪圈，以及從第一款 Vespa 機車就有的單搖臂前懸吊系統。GTS 250 開創了一個新的車系，把馬力、風格和標準配備都提升了一個級別。幾年後 GTS 300 問世，引擎更達到了 278 cc 和 22 匹馬力，ABS 防鎖死煞車系統和 ASR 加速防滑控制系統成了標準配備；其他車廠是在多年後才把 ASR 導入較高階速克達。今天的 Vespa GTS，連同眾多特殊版本，仍是市面上馬力最強、速度最快、配備最佳的 Vespa 機車。

113 頁　隨著技術的快速發展，250 cc 的噴射式引擎也被用在大黃蜂車身中，成為 Vespa GTS。這個車款具備更高的性能、更優異的懸吊，座椅和置物箱也進行了少許改良。

VESPA LX
50-125-150
2006 年起

　　身為 Vespa 從 1946 年問世後的第 139 個車款，LX 是風格獨特的偉士家族最摩登的繼承人。Vespa ET 聲勢浩大地把這個從朋泰代拉起家的速克達品牌重新推上市場之後，Vespa LX 緊接著在 2006 年、品牌創立 60 周年時上市。這個車款的外觀做了一些重大而適度的修改，明顯延續了 ET 的設計，雖然風格較現代，線條也更有棱角，仍能一眼認出它是一部 Vespa。龍頭把手上的頭燈融合了 Vespa Granturismo 時即已導入的風格，標準配備也更豐富。除了外觀的修整之外，更重要的是技術方面的更新。這是小車架偉士有史以來第一次把前輪輪徑增加到 11 吋（後輪維持 10 吋），提升了行車和操控的穩定性。煞車系統沒有更動，仍是前碟煞後鼓煞。

　　引擎方面，LX 提供四種符合當時歐盟二期標準的引擎規格，包括 50 cc 的二行程和四行程引擎，以及較「適合成人」的 125cc 和 150 cc 四行程引擎，都是結構簡單、堅固耐用的強制氣冷式引擎。

　　LX 也是第一款結合電子燃油噴射系統與四行程引擎的小車架偉士（ET2 則是第一個配備二行程直接噴射引擎的車款），因此有更佳的性能、油耗和廢氣排放表現。

116 頁左上、右上　Vespa LX 的主要改變之一是使用了三汽門四行程引擎。這項技術確保 LX 優異的性能和油耗表現，比亞喬也在後來的車款用了這顆引擎。

116-117 頁　上視圖可看出 LX 的踏板略為縮窄，優雅的外型展露無遺。

117頁　從儀表板可明顯看出LX的現代化，設計簡單優雅，又能提供完整資訊，包括新增的油表。

VESPA GT 60°
2006

這是慶祝品牌成立 60 周年的紀念車。Vespa 慶祝過很多次生日，這一次決定推出一個極致尊榮的限量車款。GT 60° 僅發行 999 輛，限量的魅力太過強大，很快就成為收藏家瞄準的目標。為了打造這輛復古車款，比亞喬車廠以最適合用來換裝、營造出豪華老車味道的 GTS 250 I.E. 為基礎。技術上，GT 60° 與標準版 GTS 250 並無二致，但 GT 60° 的坐墊分成兩塊，更重要的是，頭燈從龍頭把手移回前土除，藉此紀念 1946 年在朋泰代拉出廠的史上第一款偉士：Vespa 98。

頭燈留下的空間用一個霧面玻璃風鏡「隱藏」起來，同時也有助於改善空氣動力。儀表仿舊式車款的儀表，包括設有四個指示燈的方形車速表，以及上方的油表。它的外露式鋼管把手也是仿自最早的幾款 Vespa 機車，車色也採復古的「725 號灰」，經常光顧古董市場的人都很熟悉這個顏色。

119 頁　VESPA GT 60°具備眾多特殊元素，是收藏家最愛的現代 Vespa 車款之一。

VESPA 50-125 S
2007 年起

　　型號中的 S 代表 Special，這個名稱曾在 Vespa 歷史上留下深刻的痕跡。2007 年比亞喬再次使用這個名稱，以表彰這個外觀更具運動感、且通過歐盟三期排放標準的 50 cc 和 125 cc 小車架速克達的特殊地位。這款車最引人注目的外觀細節，是向原始版 Vespa Special 致敬的方形大燈，但它其實衍生自 Vespa LX，只是除了大燈之外，和 LX 仍有很多不同之處。

　　Vespa S 採用較小的前土除，好讓前懸吊裝置更清楚外露。大盾中央的通風孔演化自 1970 年代的領結飾蓋，尾端呈圓形的座墊帶有隆起的縫線，以強調運動風，也是從過去的駝峰式翹尾座墊而來。這個版本的一大特色是前後輪徑不同，前輪是 11 吋，後輪則維持傳統的 10 吋，這樣的搭配是為了提升穩定性。煞車系統也是混搭，前輪用碟煞，主動輪用鼓煞。後來加入了 150 cc 的版本，2017 年，配有長方形頭燈的 S 系列更名為 Sprint，最重要的改變是兩輪皆採用 12 吋輪圈。

121 頁　精簡且充滿戰鬥力的
Vespa S（Sprint）配有運動風格
的座墊。行李架的位置設了兩個
把手，供後座乘客抓握。

VESPA GTS 300
SUPERSPORT
2012 年起

這是 Vespa GTS 300 的最具戰鬥力的版本，以現代化風格重新詮釋 Vespa 歷史上最經典的運動型車款、也是世界上第一輛時速達到 100 公里的速克達：150 GS。SuperSport 以 GTS 300 的技術為基礎，透過大膽的用色強調運動風格，包括黑色系輪框、紅色的前避震彈簧，車頭並使用全新設計的鍍鉻通風孔。GTS SuperSport 是比亞喬車廠自 1946 年以來推出的第 145 個車款，兼具運動感和科技感，結合了全 LED 頭燈的現代科技，以及類比式儀表板的傳統元素。座墊的形狀與材質都採取運動風，乍看像單座，但實際是兩人座的空間。

SuperSport 與一般版 Vespa GTS 不難區別：SuperSport 的側殼有多道水平的通風孔，如同過去幾款最具運動感的 Vespa。引擎是備受喜愛的 270 cc 單缸引擎，有 21.2 匹馬力，每公升汽油可行駛 30 公里。

122-123 頁　GTS 300 SuperSport 右側蓋上的通風口令人聯想到過去幾個運動性能最強的 Vespa 車款，非常容易辨識。

VESPA 946

2012 年起

這款前所未有的大膽 Vespa 機車，來自一個橫空出世的創意。它原本可能僅止於創意而已，但比亞喬車廠以行動證明了 Vespa 946 不但做得出來，也賣得出去。研發生產的過程中，比亞喬全然忠於原型車的美學和技術標準，最後的成品與原型車之間沒有顯著的差別，包括材料，車身主體用的也是原定的鋼和鋁。科拉迪諾·達斯卡紐要是知道一定會非常開心，因為 946 與所有 Vespa 的始祖 MP6 在很多地方都很像。

Vespa 946 非凡的概念和簡單俐落的線條，為速克達設計領域樹立了新的標準。它非常經典，又有無比的現代感，渾然天成地結合了極端傳統的設計與高科技元素，例如選用的材料、

124 頁、124-125 頁　Vespa 946 乾淨、洗鍊的線條，是向偉士家族元祖車款 Vespa 98 的原型車 MP6 所作的致敬。但它的頭燈安裝在龍頭把手上，而不像 MP6 是在前土除上。

126 頁、127 頁　VESPA 946 的一大特色是寬大的座墊，且尾部翹起與車身分離，使車形更顯動感。車尾的通風口和與表面切齊的尾燈，共同構成獨一無二的辨識度。

全數位式的儀表，以及所用的 125 cc 三汽門氣冷式噴射引擎。最新一代的 Vespa LX 也配備了這顆引擎，性能比舊的二汽門引擎更強，在 8250 轉時可產生 11.4 匹馬力，6500 轉時出現 10.7 Nm 的最大扭力。此外 946 還有 ABS 和 ASR 系統作為標配，剛上市時，這兩項配備無疑都是領先時代的。

VESPA
50-125-150
PRIMAVERA
2013 年起

128 頁、129 頁　新版的 Vespa Primavera 繼承了前代的優良特性，車身線條玲瓏有緻，包含了許多精心設計的細節，例如分隔成上下兩半的頭燈，以及前土除上的精緻冠飾。

Vespa 不但是世界上最著名的速克達，也是極少數永遠都在成長與創新，並始終忠於自己的速克達之一。師法傳統向來是 Vespa 演化過程的重要一環，特別是向各種早已走入歷史的自家車款取經。

小車架的 Vespa Primavera 最早誕生於 1968 年，一個經歷劇烈改變的時代。它在至少兩個世代的人心目中象徵自由，銷售期一直持續到 1982 年。2013 年，比亞喬車廠以窄版車身重新推出這個傳奇車款，時間正好碰上 Vespa 的一段風光時期。當時，Vespa 乘著不久之前的一波銷售佳績而後勢看漲，在當時整體呈現衰退的市場中逆勢而行。

當時 Vespa 946 的設計已經成為典範，也為未來 Vespa 車款的風格與趨勢勾勒出面貌，因此新版的 Primavera 自然再現了 946 一些最明顯的特徵，外型線條更加簡潔 ，更有說服力，且沒有背離 Primavera 傳統。

比亞喬對這輛新款 Vespa 的鋼製車身進行細部修整，提升穩定性和舒適度，輪徑也加大至 11 吋，以確保絕佳的靈活

130 和 130-131 頁　比亞喬在 Primavera 身上成功融合了運動風和優雅元素。雙色輪圈的設計體現了極致的現代風格。

度。並配上多款引擎，排氣量從 50 cc 到 150 cc，二行程和四行程都有，再次印證了小車架偉士的強大適應性。2018 年適逢 Primavera 問世 50 周年，比亞喬為它進行了一次大改造，標準配備也全面升級，輪徑增加到今天的 12 吋。頭燈從傳統燈泡改為 LED 燈，採用全數位式液晶顯示儀表，並可連接智慧型手機，成為市場上第一款與手機連線的 Vespa 機車。

Primavera 的外觀也有一些改變，大盾中央增加了領結飾蓋，前土除上的鍍鉻冠飾也不同，已準備好再戰 50 年。

VESPA GTS 300
SEI GIORNI
2017 年起

132-133 頁和 133 頁 懸吊系統的紅色彈簧、黑色輪圈，和模擬單座但實際上可以雙載的座墊，都是 Vespa 運動風的標誌元素。

Vespa Sei Giorni 是以 GTS 300 的技術規格為基礎打造的限定版車款，以慶祝比亞喬車隊角逐耐力賽的輝煌成績。那個值得紀念的一年是 1951 年，在義大利瓦雷澤（Varese）舉行的第 26 屆「國際六日耐力賽」（International Six Days Enduro）上，比亞喬車隊出人意表地奪下九面金牌，震驚全世界，因為這種來自托斯卡納大區的速克達，看起來完全不像能在這種賽事上競爭的車款。

　　而今那場比賽的參賽車已經成了收藏珍品，事隔 66 年，比亞喬車廠終於推出紀念限定車款 Sei Giorni，歌頌它的傳奇。這款車具備眾多的獨特元素，包括移至前土除上的頭燈組，完整復刻原始車款。龍頭把手前方的丙烯酸玻璃材質燻黑風鏡，叫人憶起當年漫長的耐力賽。除了鍍鉻的把手之外，車身上醒目的黑色編號塗裝也和 1951 年的 Vespa 車隊相同，並和輪圈、排氣管等黑色細節相呼應。大盾背面多了一塊標有限量編號的紀念銘牌。座墊採用賽車單座風格的椅墊，但仍有足夠空間可以雙載。

134 頁　Vespa Sei Giorni 上標註有限量編號的紀念銘牌。

135 頁　外露式鋼管把手是 Vespa 速克達的一大特色。融合了古典和現代元素的儀表板也十分獨特。

VESPA ELETTRICA
和 ELETTRICA X
2018 年起

這是 Vespa 歷史的最新一章，也最能說明 Vespa 數十年來對現代理念的不斷追求，以及它面對時間、趨勢和技術考驗時的應變能力。種種獨樹一幟的特徵，加上金屬車身等比亞喬車廠堅持不變的設計主軸，讓 Elettrica 成為 Vespa 過去和未來的連接點。這是 100% 義大利製造的電動車，從設計、開發到生產，整個過程都在朋泰代拉的工廠中進行，配有穩定輸出功率 2 千瓦、最大輸出功率 4 千瓦的電動引擎，馬力相當於 50 cc 燃油引擎的 Vespa 機車，只是完全不排放二氧化碳，專為都市騎行而打造，續航里程為 100 公里，充飽電需四個小時。

136 頁　Vespa Elettrica 完全捨棄傳統的指針式儀表板，採用 TFT 數位儀表板。

這款 Vespa 電動車是一系列計畫的第一步，設計之初就預計包含一顆混合動力引擎和 Vespa Elettrica X，X 版多了一個汽油發電機，即所謂的增程發電機（Range Extender），可使續航里程提升至 150 公里以上。

多媒體功能也反映出 Vespa 永不過時的特色。Vespa 多媒體平臺系統提供連接智慧型手機的功能，數位儀表板成了一臺終端機，能顯示各種通知、訊息和導航指令。Vespa 的過去、現在和未來都凝聚在這款車上，展現與時並進的非凡能力。

138-139 頁和 139 頁　Elettrica 是第一款不只讓人購買的 Vespa 車款，消費者也可支付月租費，享用全包式方案。

Vespa 的廣告與宣傳手法

在賈伯斯想到用蘋果來當他那部劃時代電腦的商標之前，一則百分之百義大利製的廣告就已經用蘋果來作為吸睛標語，至今仍是廣告業常拿來分析的經典案例。1969 年，佛羅倫斯老字號的廣告代理公司 Leader──更準確地說，是這家公司的創意鬼才吉貝爾托・菲利佩提（Gilberto Filippetti）──不顧朋泰代拉總公司的抗拒，發起了一項創新的宣傳活動，打破當時的行銷傳統，直接把訴求焦點放在商品的特性上。廣告詞是這麼說的：「騎 Vespa 的人吃蘋果。沒騎 Vespa 的人不吃」。

這是一個看似毫無意義的句子，搭配各種蘋果的圖案設計，包括沒咬過的蘋果、一邊被咬了一口的蘋

140 頁和 141 頁　最負盛名的廣告詞「騎 Vespa 的人吃蘋果」，演化出許多變奏版。這是當年廣告文案的原始草圖，所有的字體、風格化的蘋果圖像和速克達都是手工繪製，未用經任何科技輔助。

果（如蘋果電腦的商標），和兩側各被咬了一口的蘋果。從此開啓了一段持續好幾年的傳奇故事，產生無數的變奏版本。起初，廣告上還加了一些副標題：「志得意滿的蘋果要抬頭挺胸地吃」、「青蘋果得睜著眼睛吃」、「星形蘋果要開著大燈吃」，諸如此類，特性不同的車款搭配不同的廣告詞。這樣的創意並非曇花一現，而是一直延續到 1970 年代，出現了各式各樣的再詮釋。1971 年的廣告詞大玩文字遊戲，原本義大利文的 Me la compro la Vespa 意思是「我要給自己買一部 Vespa」，但廣告詞一語雙關地把句首的 Me 和 la 兩個音節結合成 Mela，也就是蘋果。之後的某個有獎競賽活動沿用相同策略，以一語雙關的 Melacuoci 為宣傳標語。社會學家和符號學家樂於分析這個廣告公式大受歡迎的原因。或許和蘋果作為禁果的形象有關，但實際上當時 15、16 歲的年輕人很可能只是單純覺得，那些和速克達風馬牛不相及的圖像和詞句很有趣。

142-143 頁 1950 年代的廣告文宣呈現出等公車的人和騎乘 Vespa 的男男女女之間的對比，第一個充滿暗示效果的新詞就此誕生：Vespizzatevi！（把自己 Vespa 化吧！）。

這無疑是比亞喬成效最佳的一次產品宣傳，公司還把這個模式運用到那段時期發售的 Ciao 和 Boxer 輕型摩托車等新產品上，但也有好幾次是比亞喬集團內部和廣告代理商雙方的創意團隊一起發想出成功的宣傳點子，且往往是用自己發明的新詞。最早的案例之一是把名詞 Vespa 當作動詞來用，變成祈使句，例如「Vespizzatevi！」，是在呼籲工人騎 Vespa 上班。

強調 Vespa 機車能有效克服塞車問題的廣告標語和圖像也非常深刻有力，即使當年的塞車情況遠不及今日嚴重。1950 年代，一張針對美國市場

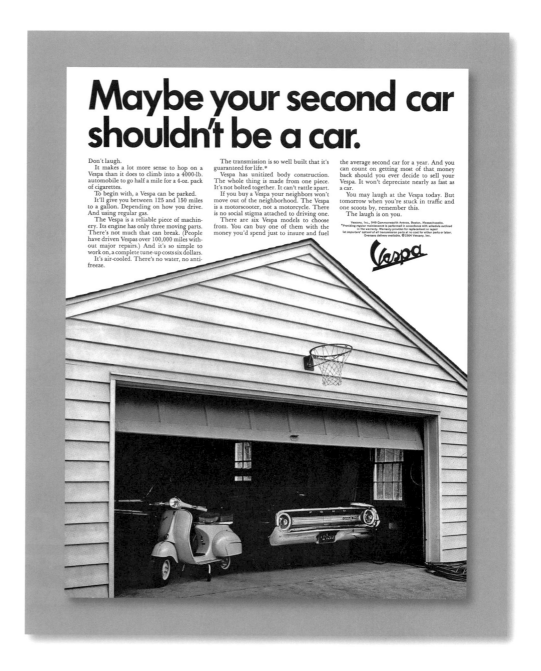

143頁　一個典型的美國家庭車庫，籃框和家用車是必要元素。比亞喬在美國推出 Vespa 時用了這張圖，並在文案中把 Vespa 喻為購買第二輛車時的另一個選擇。

的黑白海報簡單地寫著：「你的第二輛車也許不該是汽車」。此外還有手繪廣告圖呈現出一輛輛汽車在一只瓶子裡排隊，或擠在打開了一半的沙丁魚罐頭裡，暗示機車可以解決交通壅塞和停車問題。

　　之後這個宣傳主題的挖苦意味愈來愈濃，甚至把四輪競爭對手描繪成「沙丁魚車」，一種神經質、長鼻子、以瀝青為食、缺乏想像力的奇幻生物。1955 年 12 月，Vespa 400 的第一款原型車上路，車款也正式發表，幾年後比亞喬放棄了這款汽車的生產計畫，而後就重新把精力用來討伐汽車。

150-151 頁 曾嘗為 Perrier（沛綠雅）和 Orangina（法奇那）等知名品牌畫過海報的法國藝術家伯納・威爾莫，也在 1954 年開始幫 Vespa 設計海報。

lo scooter
più venduto nel mondo

Vespa

PIAGGIO

152 頁　一顆騎著速克達的地球儀；這幅 1961 年的廣告圖明確傳達出 Vespa 的國際化形象。

153 頁　這張桑德羅・斯卡席在 1961 年創作的海報，用大象來表現 Vespa 機車的堅固耐用。

oktober

S	M	D	M	D	F	S
		1	2	3	4	5
6	7	8	9	10	11	12
13	14	15	16	17	18	19
20	21	22	23	24	25	26
27	28	29	30	31		

DITTA GIUSEPPE LANG · S. p. A. · GENOVA (PRINTED IN

OTTOBRE

D	L	M	M	G	V	S
						1
2	3	4	5	6	7	8
9	10	11	12	13	14	15
16	17	18	19	20	21	22
23/30	24/31	25	26	27	28	29

爾德（Peter Beard）等專業攝影師的拍過的名人和模特兒，同時一窺平面設計風格和交通工具的演變。

　　翻閱比亞喬在雜誌上刊登的廣告頁，看到每個時代的標語風格，也會得到同樣的穿越時空的感受。1950 年代初的巴西廣告強調速克達可同時省下時間和金錢：「節省時間，二輪抵四輪，且價錢便宜得多！」（Economiza tempo, 2 rodas que valem por 4, mas custam muito menos!）傳達的訊息再清楚不過。同一時期義大利有一個創作者不明的廣告，上面完全看不到 Vespa 機車，只出現兩

154 頁　1961 年德國出版的 Vespa 月曆，結合了攝影和繪畫的技巧。

155 頁　第十版月曆的 10 月那一頁獻給了 Vespa 125。

156-157 頁上　1949 年，Vespa 機車在英國推出時搭配的繪圖摺頁。

156 頁下　1954 年印行的彩色摺頁，向丹麥市場介紹 Vespa。

THE *compact* VESPA LETS YOU PARK ON A DIME !

Vespa SERVICE

And... We nearly forgot about maintenance, ...'cause your VESPA needs so little... IT'S SO SIMPLE!

VESPA MEANS...

COMFORTABLE RIDING AMPLE SPEED (to 50 MPH) ECONOMY 100 MILES PER GAL. LIGHT WEIGHT 198 LBS. PEDAL & HANDLE BAR BRAKES

FOLKS ALL OVER THE WORLD KNOW THAT VESPA IS THE "BUY - WORD" FOR SIMPLI-FIED MULTI-PURPOSE ... FUN TRANSPORTATION.

Les progrès de la techniq

157 頁左下 1955 年，法國人以交通工具的歷史為切入點宣傳 Vespa 機車。

157 頁右下 這是 1960 年對葡萄牙投放的宣傳廣告，典型的南歐家庭一家三口騎乘在「Vespa」字樣上。

艘貨輪，圖說寫道：「人人都知道 Vespa，但不是所有人都知道 1957 年義大利出口了超過 5 萬輛 Vespa，相當於 10 艘載了 1 萬噸貨櫃的貨輪」。在義大利以外的國家，廣告的重點著重在獨立自主的概念，例如用「想與眾不同，就騎 Vespa」作為標語；在義大利的宣傳則聚焦於舒適性，如里奧・隆加内西畫了一個人騎著 Vespa，鼻子上頂著一個玻璃杯，標語是：「Vespa 不會晃」。

還有一些更早期的廣告標語成了歷史經典，或許不如馳名天下的「騎 Vespa 的人吃蘋果」那麼深植人心，但宣傳效果還是很強。如 Vespa ET4 的廣告詞是「有了 Vespa，你就行」、「騎 Vespa 者得自由」；Vespa PX 的廣告詞有「今天我是大海」或「今天我是山峰」，還有

158 頁　這張 1960 年海報上用的是泰文，但 Vespa 廠徽仍一目了然。

159 頁　Vespa 125、Vespa 150 和 Vespa GS：這三款來自義大利的速克達在 1950 年代征服了五大洲。

Un giorno un piccolo aereo lasciò le ali in cielo per diventare un mito in terra.

Era il giorno
di una intuizione perfetta, fatta per durare.
Era una idea circondata da piccole, misteriose
leggende, che la volevano figlia dell'aria,
scesa dal cielo per correre leggera,
sicura della sua nobile origine aeronautica.
Così Vespa abbandonò le ali per vestirsi di una
forma d'acciaio diventata grande nei nostri cuori.
Vespa figlia dell'aria.

Vespa, il mito scooter.

 PIAGGIO

160 頁上 1980 年代初，為推出新的小黃蜂 Vespa PK，廣告文宣再次以比亞喬集團，和 Vespa 與航空工業的淵源為訴求。

160 頁下 1982 年，義大利足球國家隊在西班牙世界盃奪冠，而有了這則充滿愛國情操的廣告。

L'Italia s'è !

NUOVE VESPA PK 50 E 125 / L'ITALIA S'E' VESPA

PIAGGIO

161 頁 圖中看不到速克達的蹤影，但訊息一目了然：這張海報的義大利版在 1961 年推出，一年後做成國際版海報。

「我是 Vespa，妳是珍」，或者更晚一點的「少一些計算，多一些感受」和「少一點會議，多一點瞎扮」。此外也不乏詩意取向的案例，比如 PK 系列廣告追憶比亞喬的起源：「有一天，一架小飛機把翅膀留在天上，下凡成為人間的傳奇」，還有一些無厘頭風格的廣告，如 2002 年的一個標語是：「有了 Vespa，千人齊聲歌唱；沒有 Vespa，鰻魚從天降」，靈感來自 1969 年紅極一時的一首義大利流行歌。最令人讚嘆的地方是，明明是在宣傳 Vespa，有些廣告卻對這部機車本身隻字不提。

有一個充滿愛國心的廣告出自 1982 年，當時義大利國家足球隊剛剛在西班牙的世界盃足球賽中奪冠，海報左邊是一輛速克達，右邊以斗大的字體寫著：「L'Italia s'è Vespa」（義大利正 Vespa），與義大利國歌中的 "l'Italia s'è desta"（義大利正奮起）這句歌詞諧音。

　　最具代表性的案例是 1960 年代初發布到全世界的一則廣告，圖中是一
對男女襯著全白的背景，男子的姿勢像在駕駛速克達，女子側坐在後座，
只是圖上根本沒有速克達。傳達的訊息是：「兩人與幸福的距離只差一輛
Vespa」。

PARAMOUNT PRESENTS

gregory
PECK

audrey
HEPBURN

IN

WILLIAM WYLER'S
PRODUCTION OF

Roman
Holiday

WITH **EDDIE ALBERT**

SCREENPLAY BY
IAN McLELLAN HUNTER AND **JOHN DIGHTON**
STORY BY IAN McLELLAN HUNTER
PRODUCED AND DIRECTED BY **WILLIAM WYLER**

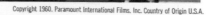

偉士風格：
從電影到時尚

比亞喬在 Vespa 超過七十年的行銷宣傳中發明了眾多廣告詞，其中有一句最能展現這輛全球最知名、最暢銷的速克達所代表的清新、不羈和活力。這句 1977 年的廣告詞是這麼說的：「Vespa 激發你起而行的欲望」（Vespa muove la voglia di fare），說出了 Vespa 各方面的精神內涵。這輛在開發之初就打算讓民眾以分期付款方式購買的經濟型車款，後來卻達到了許多血統更高貴的車款望塵莫及的地位。

Vespa 機車以極致的單純性搶占了每個大陸的市場，無一例外。即使在文化差異南轅北轍的國家，Vespa 都能和當地的日常生活融為一體，成為這些原本沒有共通點的國家共同的景象。

比亞喬始終選擇用最準確、簡潔、有品味的廣告方式來打動個別市場，但不經意地把 Vespa 推向國際的卻是電影。1951 年，一部由羅爾夫・邁耶（Rolf Meyer）執導，約翰內斯・海斯特斯（Johannes Heesters）、珍妮特・舒爾茨（Jeanette Schultze）和瑪麗亞・利托（Maria Litto）主演的西德喜劇片《Professor Nachtfalter》，在幾個動作場景中用了一輛 Vespa 125。這雖然不是什麼奧斯卡等級的電影，但

Vespa 在片中和主角的戲份一樣重，而不只是被當成場景的一部分；像這樣以 Vespa 為主要元素的電影有 100 多部。

在 1952 年開拍，後來贏得三座奧斯卡金像獎的電影《羅馬假期》，使 Vespa 的地位更上一層樓。今天，一部電影中出現的任何清晰可辨的物品，從手表到汽車，都是經過一連串磋商和簽約安排出來的結果，而當年《羅馬假期》會選用 Vespa 機車，純粹是自然選擇的結果——因為製作團隊需要一部「讓全世界一看就知道那是義大利」的交通工具。

當時 Vespa 問世只有五年多，但導演威廉・惠勒（William Wyler）毫不猶豫地選擇了 Vespa，讓葛雷哥萊・畢克和奧黛麗・赫本飾演的主人翁喬伊・布萊德利和安公主騎著它，到處探索義大利首都的大街小巷。

從那一刻起，這部著名電影的經典畫面就進入了

162 頁　《羅馬假期》原版海報，這部電影徹底改變了這輛義大利速克達在世人心中的形象。

163 頁　《羅馬假期》的主角艾爾文・拉多維奇（Irving Radovich）、葛雷哥萊・畢克和奧黛麗・赫本下戲之後和 Vespa 125 合影。

大眾的集體想像之中。幾年後的 1960 年，威廉·赫頓（William Holden）和關家倩（Nancy Kwan）在地球另一端主演的電影《蘇絲黃的世界》（The World of Suzie Wong），同樣留下令觀眾難忘的畫面。劇中場景不是羅馬的卵石路，而是香港的巷弄小路，不變的是 Vespa 機車依然是鏡頭的焦點。

一年後，Vespa 終於擺脫了演員，在一部由作家兼幽默大師馬切洛·馬凱西（Marcello Marchesi）執導的紀錄片中獨挑大梁。《Vespa…pa…pa》雖然沒有得到奧斯卡，但在坎城影展獲頒 30-33mm 紀錄片類大獎，幾個月後又在的里雅斯特電影節獲獎。到了這時，影視娛樂界的大門已向 Vespa 敞開，許多演員爭相坐在 Vespa 機車上拍照，而且不乏赫赫有名的巨星，一開始是約翰·韋恩（John Wayne），接著有彼得·方達（Peter Fonda），他在風靡一整個世代的非主流公路電影《逍遙騎士》（Easy Rider）中騎過了美式嬉皮車之後，私下騎著 Vespa 在都市中代步，而且穿得很文雅，因為不用擔心衣服被油汙弄髒。別忘了還有卻爾登·希斯頓（Charlton Heston），他穿著電影《賓漢》（Ben Hur）的戲服，騎著 Vespa 在奇尼奇塔片場（Cinecittà）的古羅馬場景中穿梭，留下了著名的照片。

從另一方面也可看出這輛來自朋泰代拉的速克達已強勢攻入大銀幕，那就是 Vespa 經常出現在費

164 頁上　1959 年，演員安東尼·柏金斯（Anthony Perkins）在奇尼奇塔片場中斜倚在一輛 Vespa 150 VBA 上。

164 頁下　安東尼·昆（Anthony Quinn）和雪莉·莫蘭（Sherry Moreland）騎著一輛頭燈設在前土除上的 Vespa 機車，兩人在 1953 年的電影《水晶宮寶藏》（City Beneath The Sea）中飾演東尼·巴特利特和瑪麗。

165 頁　電影《賓漢》拍攝期間，穿著古羅馬戲服的卻爾登·希斯頓和史蒂芬·博伊德（Stephen Boyd）很喜歡在休息時騎著 Vespa 和腳踏車在片場兜風。

la SACHER FILM presenta

CARO
DIARIO

un film di
NANNI MORETTI

con

NANNI MORETTI
RENATO CARPENTIERI
ANTONIO NEIWILLER

una coproduzione
SACHER FILM, ROMA • BANFILM-LA SEPT, PARIGI
CON LA COLLABORAZIONE DI
RAIUNO E CANAL PLUS

prodotto da
ANGELO BARBAGALLO e **NANNI MORETTI**

LUCKY RED
DISTRIBUZIONE

德里科‧費里尼（Federico Fellini）、皮亞托‧傑米（Pietro Germi）、南尼‧莫瑞提（Nanni Moretti）或馬里奧‧莫尼切利（Mario Monicelli）等重要導演的電影中。特別是弗蘭克‧羅達姆（Franc Roddam）執導的 1979 年電影《四重人格》（Quadrophenia），把包括 Vespa 在內的數百輛速克達加裝了琳琅滿目的頭燈和後視鏡，以摩德風登場亮相，成了膾炙人口的邪典電影。此外，Vespa 也在許多電影中擔任較不具侵略性的角色，其中最值得一提的是由艾曼紐爾‧克里亞勒斯（Emanuele Crialese）執導、薇拉莉‧葛琳諾（Valeria Golino）主演的《天堂海灘》（Respiro），劇中的 Vespa 在地中海的一座小島上現身。另一部重要電影是

西班牙導演佩德羅‧阿莫多瓦（Pedro Almodóvar）的《綑著妳，困著我》（Tie Me up! Tie Me Down!），劇中一輛紅色的 Vespa PK 在幾個關鍵場景中扮演了吃重的角色。

從電影進入時尚伸展臺只有一步之遙。長久以來 Vespa 一直和美有關的東西密不可分。不論是早期線條凹凸有緻的車款還是當代車款，Vespa 的身影經常性地出現在時裝秀和時尚雜誌上，每一款都是設計典範。有些首屈一指的服裝設計師感受到 Vespa 風情萬種的魅力，而對某個版本的車款加以重新詮釋，例如喬吉歐‧亞曼尼（Giorgio Armani）就和比亞喬共同開發了 Vespa 946 的一個特別車款，透過這個最新一代、最迷

166 頁 導演南尼‧莫瑞提 1993 年的電影《親愛的日記》（Caro diario）海報上的手繪大黃蜂。電影中那輛速克達在 2018 年成為杜林國家電影博物館的館藏。

167 頁 改裝為摩德風的 Vespa 和其他速克達在 1979 年的電影《四重人格》中擔綱要角。照片正中央是年輕時的史汀（Sting）。

人的限量聯名款，亞曼尼注入了他鍾愛的優雅風格和獨樹一幟的深灰色。

　　Vespa 的身影也經常出現在體育和音樂界，並持續變換角色。1950 年代的「環義自由車賽」由五輛 Vespa 作為前導，為比賽揭開序幕；在 1960 年的羅馬奧運，比亞喬提供了 110 輛 Vespa 機車和 10 輛 Piaggio Ape 三輪摩托車給各國代表隊，搶盡了新聞版面，再加上羅馬的大街小巷每天都能看到成千上萬的 Vespa 機車，當年 Vespa 的曝光程度真是無與倫比。

　　至於音樂界，義大利國內外的許多歌手都曾在自己的專輯封面上放一輛 Vespa。有趣的是，這些歌手往往擺出騎著 Vespa 飛起來的模樣，包括大衛・鮑伊（David Bowie）的音樂劇電影《初生之犢》（Absolute Beginners），和唐・艾略特（Don Elliott）的專輯《轟動六〇年代的音樂》。

　　然而音樂界對 Vespa 最重要的獻禮，來自義大利流行樂團 Lunapop 主唱切薩雷・克雷莫尼尼（Cesare Cremonini）在 1999 年創作的單曲《50 Special》，其中一句歌詞「我急忙離開自己的房間，把檔位從一檔打到四檔」弄錯了一個技術細節，因為歌曲第一段提及的 1960 年代 Vespa 車款只有三檔！儘管如此，這首歌長時間在義大利流行音樂排行榜上高居第一，也因此成為公認的 Vespa 之歌。

168 頁　1960 年，參加第 17 屆奧運會的運動員乘著 Vespa 機車在羅馬街道上前進。

168-169 頁　奧運會期間，羅馬也主辦了「歐洲 Vespa 日」活動，選手村裡因而出現了 100 輛速克達和 10 輛 Piaggio Ape 三輪摩托車。

騎著 Vespa 環遊世界

不論過去還是現在，Vespa 都是許多名流人士的愛駒，但是對於一般有能力透過騎車享受生活的人來說，Vespa 本身就可作為一種較簡單的成名途徑。

原本 Vespa 的目的是為了作為短程代步工具，但從一開始就有人覺得這樣的角色定位對 Vespa 而言太過狹隘。

於是乎，有人開始看出 Vespa DNA 中蘊含的流浪潛力，因為 Vespa 速度不快，而且在騎士的前面、後面和兩腿之間都有足夠的空間和表面，很容易用來裝載行李。此外在 PX 和 PK 系列之前的經典車款，都配備了可自行拆卸的可更換式輪圈，萬一遇到爆胎需要自己動手解決問題時，這就是很可貴的特點，不像一般摩托車自行換胎要多花很多時間，車上還要備妥更多笨重的工具。

因此，開始出現了跳脫傳統的 Vespa 長途騎行活動。最早的官方紀錄是在 1951 年 8 月，倫佐·法羅帕（Renzo Faroppa）騎著 Vespa 挑戰金氏世界紀錄，在 23 小時內騎了 1100 公里，越過阿爾卑斯山的 16 處山口。更「極限」的 Vespa 騎行之旅也在 1951 年開始，當時的 Vespa 頭燈還設在前土除上，輪徑也只有 8 吋，這些行程的考驗遠超乎當初這輛速克達以都市騎行為主的設定。瓦爾特·德意茲（Walter Deutz）騎著他的 Vespa 離開都市，甚至跨越歐洲邊界，一路騎到了剛果。12 個月後，法國人喬治·蒙納雷（Georges Monneret）決定創下騎 Vespa 從巴黎到倫敦的紀錄，途中車子不上渡輪，當然也不經英法海底隧道（當時根本還沒有這條隧道）。蒙納雷抵達加萊之後，把他的 Vespa 放上配有大型金屬浮筒的自製小船，然後利用 Vespa 引擎的動力，在五個半小時內橫越英吉利海峽。

1950 年代還有其他法國人也展開長途騎車活動，有的穿越阿爾卑斯山前往當時仍屬於法國的殖民地：1953 年，皮耶·德里耶（Pierre Delliere）在 51 天內騎了 1 萬 6000 公里，從巴黎抵達西貢；兩年後，雷內·穆里耶（Rene Mourier）選擇同一條路線，在 44 天內騎了 1 萬 7000 公里。

1962 年，在 Vespa 西班牙亞分公司 MotoVespa 的贊助下，聖迪亞哥·吉延

170-171 頁　1952 年法國人喬治·蒙納雷完成「巴黎直達倫敦」的壯舉，這張照片拍下了其中最激動人心的一刻。蒙納雷抵達加萊之後，把 Vespa 固定在特製的小船上，用 Vespa 引擎作為動力，在五個半小時內橫越英吉利海峽。

172 頁　1959 年喬治·蒙納雷再次寫下金氏世界紀錄。他騎著一輛 Vespa 150，在 66 小時內完成從巴黎到阿爾及利亞撒哈拉沙漠共計 3250 公里的路程。

173 頁　Vespa 長途騎行活動的另一個知名人物是德國人瓦爾特·德意茲，他 1951 年在金夏沙買了一輛標配的 Vespa，然後就啟程在剛果境內四處探索。

174 頁　1963 年，索倫‧尼爾森騎著 Vespa 抵達格陵蘭的北極圈。

175 頁　從義大利出發前往東京的名記者兼旅行家羅貝托‧帕特里尼亞尼，在旅程終點向日本奧會主席遞交歐洲 Vespa 俱樂部的獎杯。

（Santiago Guillen）和安東尼歐‧韋恰納（Antonio Veciana）跟著小說家朱爾‧凡爾納（Jules Verne）筆下的主人翁菲萊亞斯‧福格（Pleaeas Fogg）的腳步，在 79 天內環遊世界一周，比故事少了一天。這類的 Vespa 長征之旅留下了許多影像，其中最有名的是索倫‧尼爾森（Soren Nielsen）的照片。尼爾森是記者，也是最熱愛 Vespa 的探險者之一，在格陵蘭創辦了阿夕亞特 Vespa 俱樂部（Aasiaat Vespa Club），他是會長與唯一的會員。1963 年他騎著 Vespa，沿著通常是雪上摩托車和雪地履帶車所走的路線，前往格陵蘭北部的北極圈，歷盡千辛萬苦，最後還是抵達了目的地。

兩年後，另一位記者羅貝托‧帕特里尼亞尼（Roberto Patrignani）也榮登偉大旅行家之列，他帶著歐洲 Vespa 俱樂部的獎杯從米蘭出發，騎著他的

Vespa 150，在三個月中騎了 1 萬 3000 公里，穿越整個亞洲，及時趕上了 1964 年東京奧運會的開幕典禮，把獎盃遞交給遠東奧林匹克委員會。

還有很多已經逐漸被人淡忘的壯舉，例如在美洲長途騎行的詹姆斯‧歐文（James P. Owen）、最早成功環遊世界的人士之一傑夫‧迪恩（Geoff Dean），以及獨自騎著 Vespa 從倫敦抵達澳洲再成功返鄉的英國女士貝蒂‧沃柔（Betty Warral）。在義大利人中則有知名的喬吉歐‧凱蘭（Giorgio Caeran），他在 1978 年 8 月和 1979 年 7 月間，騎著 200 Rally 穿越中東和印度，抵達終點站尼泊爾。

在不算太久以前的 1990 年代，喬吉歐‧貝蒂內利（Giorgio Bettinelli）是公認 Vespa 車手之中最偉大的馬拉松車手。他騎著 Vespa 造訪了超過 60 個國家，總

176 頁　帕特里尼亞尼騎車前往奧運會的旅途已接近尾聲。行駛了 1 萬 3000 公里之後，他抵達日本神奈川縣的高德院，在雄偉的鎌倉大佛前留影。

176-177 頁　帕特里尼亞尼在漫長的旅途中遇到的問題之一，是他的 Vespa 在敘利亞境內爆胎。幸好 Vespa 的強項之一就是可自行更換輪圈，所以問題輕鬆解決。

178 頁和 179 頁　這幾張喬吉歐・貝蒂內利（Giorgio Bettinelli）的照片，是他多次騎著心愛的 Vespa 在五大洲長途旅行的留影，其中幾次順利完成了既定目標。這裡面多數是他和忠實伙伴 Vespa PX 的合照，有一張是他在中國境內騎乘的新一代 Vespa Granturismo。他到中國之後住了下來，最後英年早逝。

里程超過 25 萬公里。1992 年第一次遠征時，他沿著一條經典路線前往西貢；1994 年，從阿拉斯加前往火地島；1995 年，從墨爾本出發抵達開普敦；1997 年，費時三年從智利去到澳洲；2006 年，在中國完成了此生的最後一場長途機車旅行，他在那裡認識了後來的妻子，繼而移居中國。

　　時間並末減輕 Vespa 車迷對長途旅行的熱情，的里雅斯特人馬里歐・佩科拉里（Mario Pecorari）就是一個例子，而且常常是和妻子珊卓（Sandra）一起旅行。他曾經穿越整個歐洲、南美大陸和安納托利亞高原。出身義大利馬凱大區的旅行家喬吉歐・塞拉菲諾（Giorgio Serafino）也是一個例子，他和妻子一起在南北美洲、亞洲和歐洲長途騎車過好趟，而且騎的是 Vespa 50。

　　還有更多別的例子。出身義大利雷契（Lecce）附近一個小鎮的斯特凡諾・梅德維奇（Stefano Medvedich）曾騎著 PX 150 穿越非洲，2007 年剛剛退休的他從加利波利（Gallipoli）出

180 頁　伊拉里歐・拉瓦拉騎著一輛 1970 年的 Vespa Sprint Veloce，歷時 18 個月穿越美洲大陸，全程 8 萬 2000 公里。

發，穿越 19 個國家，七個月後抵達坦尚尼亞。伊拉里歐・拉瓦拉（Ilario Lavarra）跟著喬吉歐・貝蒂內利的腳步進行了一系列遠征，另外從 2010 年開始，在 18 個月內騎了 8 萬 2000 公里穿越美洲大陸，從育空地區騎到巴塔哥尼亞，然後又在 2017 年騎著一輛 1968 年的 Vespa GT 環遊世界，總里程 15 萬公里。熱那亞人法比歐・薩利尼（Fabio Salini）在 2017 年一路騎車到澳洲去，他自認不是什麼探險家，說「我只是去找我的好朋友喝杯啤酒」。

更近期的行動包括德國人馬庫斯・安德烈・邁耶（Markus Andre Mayer）的壯舉，他在 2018 年跟隨聖迪亞哥・吉延和安

181 頁 拉瓦拉從育空地區出發，穿越美洲的沙漠抵達巴塔哥尼亞。他忠於自己秉持的自由精神，不接受任何贊助。

東尼歐‧韋恰納的腳步，獨自一人完成「環遊世界八十天」。吉延和韋恰納這兩個童心未泯的西班牙人，曾請到薩爾瓦多‧達利（Salvador Dalí）在他們的 Vespa 上留下親筆簽名。同樣是西班牙人的傑夫‧費南德茲（Jaf Fernandez），是最新一代 Vespa 騎士中最活躍的一位，2016 年 12 月他騎著一部標準版 GTS 300 從西班牙潘普羅納（Pamplona）出發，最後抵達挪威的北角，成為史上第一個在冬天走完這條熱門探險路線的人。一年後他再次啓程，目的地是蒙古。

每一天，在世界上的某個地方，總有人騎著一輛 Vespa，正在創造一段值得珍藏和傳誦的記憶。

182 頁和 183 頁　西班牙人傑夫‧費南德茲熱愛接受極限的挑戰。2016 年，他騎著 Vespa GTS 300 從潘普羅納出發，在隆冬時分抵達北角。接受了教宗方濟各的祝福之後，他繼續上路前往蒙古（見左頁和下左圖）。他完成過多項壯舉，其中一次是從納瓦拉（Navarra）出發，沿著非洲西岸抵達塞內加爾（下右圖）。

集會、紀錄和競賽

集會

　　Vespa 即使不是摩托車，依然迅速在車主間激發出一股凝聚力，紛紛成立各種俱樂部和協會，和那些在國際級賽事上一較高下的大型摩托車品牌一樣。早在 1947 年，就已經有大約 30 個 Vespa 俱樂部分布在義大利各地，隔年這些俱樂部進一步合組全國性的「Vespa 聯合會」（Unione dei Vespisti），並在成立之初舉辦了各式各樣的活動，之後影響力愈來愈大，終於在 1951 年 5 月 6 日出現了一場歷史性活動：「Vespa 大會師」（Giornata della Vespa）。這個大型集會分別在 12 個城市同時進行，使用相同的節目表。

184 頁　1955 年在杜林舉行了一場史上最別出心裁的集會。大批車主先是在一條禁行車輛的林蔭大道上，用速克達排列出「Vespa Club Torino」（杜林 Vespa 俱樂部）的字樣，之後再排出一個面積和杜林王宮廣場一樣大的比亞喬商標。

185 頁　1960 年代義大利 Vespa 俱樂部舉辦的一次集會上，一群 Vespa 機車準備展開大遊行。

第一屆大會師圓滿結束，有超過 2 萬人出席，1956 年第二屆大會師更上一層樓，超過 3 萬人分別在 16 個城市共襄盛舉。儘管第二屆的參加人數令人鼓舞，但第三屆大會師遲遲等了 60 年，才在 2016 年 5 月 15 日舉行，仿照第二屆由 16 個城市聯合舉辦的模式。當時已開始蓬勃發展的大會師活動之所以停辦，部分原因是車友組織後來多在義大利以外的國家聚會。歐洲 Vespa 俱樂部（Vespa Club d'Europa）在 1953 年成立之後，第一次把活躍於義大利、法國、德國、瑞士、比利時和荷蘭等國的協會串連起來。

不久，第一個國際性的大會師宣告誕生。1954 年，「歐洲 Vespa 日」（EuroVespa）首次在巴黎登場，來自 13 個國家的車友聚集在北義的聖雷莫（Sanremo），其中包括來自亞洲和南非的偉士迷。

此後歐洲 Vespa 日每年舉行一次，先是在慕尼黑，繼而移師巴塞隆納，之後在其他成功爭取到主辦權的歐洲城市舉行。這些城市歡迎 Vespa 機車和平進駐，參加者的數量從 1955 年的 2000 輛左右，到了 2014 年在曼托瓦（Mantova）已超過 1 萬輛，之後年年都是 1 萬輛以上的規模。

這項集會不斷演化，只在 1970 年代曾因故中斷過一次。在 2007 年的聖馬利諾集會上，歐洲 Vespa 日正式更名成更顯全球化的「Vespa 世界日」（Vespa World Days）。

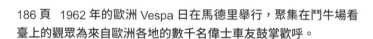

186 頁　1962 年的歐洲 Vespa 日在馬德里舉行，聚集在鬥牛場看臺上的觀眾為來自歐洲各地的數千名偉士車友鼓掌歡呼。

187 頁上、中　1954 到 2006 年間共舉辦了 40 屆歐洲 Vespa 日。2007 年，活動更名為「Vespa 世界日」，繼續在歐洲大陸各地舉行，包括葡萄牙和挪威，2018 年更在北愛爾蘭。2014 年，曼托瓦市主辦的那一屆（中右圖）盛況空前，有超過 1 萬輛 Vespa 到場。

187 頁最下左　1963 年，第十屆歐洲 Vespa 日在科爾蒂納丹佩佐（Cortina D'Ampezzo）舉行，這是繼聖雷莫和羅馬之後第三個主辦這項活動的義大利城市。

187 頁最下右　Vespa 俱樂部遍布世界各大洲，圖為日本 Vespa 俱樂部的徽章。

188 頁上　第一輛 Vespa 賽道車以 Vespa 98 為基礎開發而來，計畫從 1947 年 6 月 26 日開始，也就是標準版 Vespa 發行的一年後。

188 頁下　Vespa 賽道車原本就配備了精密的引擎，可達時速 80 公里，但需要一個更符合空氣動力學的車身。這兩輛賽道車完全由板金師傅以手工打造而成，原本的後懸吊系統也以葉片彈簧取代。

188-189 頁　1948 年，比亞喬專為環道賽事打造了一輛馬力更強、最高時速可達 100 公里的賽道車。這款車暱稱為「gobbo」（駝背），因為座椅前方多了一個形狀特殊的副油箱。

　　對 Vespa 來說，旅遊和運動之間的界限愈來愈模糊，但這輛速克達在最初設計時，考慮的根本都不是這兩種用途。

　　1949 年，莫德納（Modena）Vespa 俱樂部的 11 名成員在五天內騎了 2000 公里，從義大利艾米利亞（Emilia）一路騎到維也納，而且只走雙線道公路。這件事證明了 Vespa 可以在當時愈來愈受歡迎的耐力賽中，與性能強大的運動摩托車一較高下。事實上更早之前，在一場更不像 Vespa 會出現的競賽中就已經埋下這個火種。根據 1947 年的新聞報導，卡羅・馬修奇（Carlo Masciocchi）曾騎著一輛 Vespa 98 參加貝加莫谷（Valli Bergamasche）耐力賽，結果跌破眾人眼鏡得到第二名。

190 頁 限量版的 Vespa 賽道車名為 Vespa Super Sport，配備 8 匹馬力的引擎。總共出廠了兩批，車身用輕合金建造，總車重不到 60 公斤，在測試時達到了 116 公里時速。

190-191 頁 1950 年 Vespa Super Sport 再度進化，以耐力賽車手使用的賽道版 Vespa 125 為基礎加裝了整流罩。這個車款對細節的重視無微不至，時速可達 130 公里。

即使速克達的性能遠不如同場競技的運動型摩托車，但在各種金卡納賽和都市賽道上，靈敏度才是關鍵，Vespa 在 1948 年的「湖泊盃」（Trofeo dei Laghi）和「佛羅倫斯環道賽」（Circuito di Firenze）中獲勝就證明了這一點。更重要的勝利是 1949 年的「工業盃」（Trofeo dell'Industria）。這場迷你錦標賽有三項嚴苛的考驗：「南方盾」（Scudo del Sud）、「24 小時耐力賽」（24 Ore）和「一千英里耐力賽」（Mille Miglia）。七個參賽的 Vespa 車隊都順利完賽，且沒有任何違規，表現優於其他騎著四倍排氣量賽車的車手。

以前 Vespa 的競爭對手都看不起速克達，然而 1951 年在瓦雷澤周邊山區舉行的「國際六日耐力賽」

Piaggio

之後，所有人對 Vespa 完全改觀。這項比賽難度極高，至今仍被視為耐力賽中的世界盃。Vespa 車隊以非常認真的態度看待那次比賽，專門打造了一輛特別版的 Vespa 125，配備輕量化的大盾、較大的油箱、較大的前輪轂，備用輪胎設置在踏板中央，右側蓋經過修改以容納新型引擎。這款競賽車使用單缸二行程引擎，車上的離合器、排氣管、曲軸箱和化油器都經過升級，最高可產生 7 匹馬力，極速由每小時 65 公里提升到 95 公里。Vespa 車隊的十名上場選手中，有九人在沒有任何違規

的情況下抵達終點（參賽車共有 218 輛，只有 89 輛在未違規之下完賽），拿下九面金牌。後來這款 Vespa Sei Giorni 限量生產了 300 輛，售價 50 萬里拉，約合今天的 258 歐元，實際價值約相當於 8500 歐元。目前仍有少數幾輛在市場上流通，要價遠高於此。

當時賽車是一種有效的行銷工具，對 Vespa 的品牌知名度有極大助益，特別是專供速克達參加的長距離賽事，諸如「一千公里賽」（1000 Chilometri）或「環三海賽」（Giro dei Tre Mari）這類的賽事一票難求，

192 頁 雷納托・塔西納里（Renato Tassinari）和溫貝托・皮契尼（Umberto Piccini）這兩位記者主編的雜誌《Piaggio》在 1949 年創刊，目的是作為比亞喬公司、經銷商和客戶之間的通訊平臺。1951 年第 16 期的封面報導介紹了 Vespa 車隊在「國際六日耐力賽」中創下的佳績。

193 頁 Vespa Sei Giorni 是越野版的 Vespa Super Sport，馬力從 11 匹降到 7 匹。比亞喬車廠在 1951 年的「國際六日耐力賽」中就憑著這款車獨領風騷。

舉辦地點也漸漸擴及其他國家。1960 年
開始舉行的「歐洲錦標賽」（Campionato
Europeo），最初幾屆就在英格蘭、德國
和比利時舉行。

　　Vespa 從不放棄任何證明自己的
機會，而且愈難的挑戰對它來說就愈有
吸引力。Vespa 多次嘗試締造速度紀錄
就是一個例子。起初比亞喬這麼做，是
為了打破它的長期競爭對手蘭美達（比

194 和 195 頁　Vespa 是馬路之王，也是聖雷莫市
主辦的「歐洲 Vespa 日」這類大型集會的主角，
並在各級競賽中搶盡風頭，儘管同場競技的往往
是性能強大的運動型摩托車。連在越野耐力賽中
Vespa 都占有一席之地。

Vespa 晚一年在米蘭郊區創立）在 1949 年創下的紀錄。為了達成這個目標，朋泰代拉廠專門成立了一個部門，以標準款為基礎打造配備了特殊整流罩和高性能引擎的原型車。有兩項最重要的成績改寫了歷史。1950 年 4 月 6 日，斯巴多尼（Spadoni）、馬宗契尼（Mazzoncini）和卡斯提雍尼（Castiglioni）三位車手在法國蒙雷里的環型賽道上創下 17 項世界紀錄，其中包括 50 公里平均時速 134.203 公里，以及九小時平均時速 123.434 公里兩項紀錄；參賽機車採用的是科拉迪諾·達斯卡紐發明的酒精和汽油混合燃料。1951 年 2 月，這輛輪徑大於標準輪徑的流線型賽車創下平均時速 171.102 公里的第一圈速度，以及最快一圈平均時速 174 公里兩項世界紀錄。

196 頁 Vespa Super Sport Montlhery 是比亞喬車廠為征服一系列紀錄而打造的賽車，重現了比亞喬 1940 年代在航空工程領域所展現的創新精神。1950 年 4 月 6 日，比亞喬的三輛賽車在法國蒙雷里環型賽道上刷新了 11 項世界紀錄。

197 頁 Vespa 在蒙雷里環型賽道創下多項紀錄後，開始挑戰 125 cc 級的計時賽世界紀錄。1951 年 2 月 9 日，以杜拉鋁打造的 Vespa Siluro 一舉打破紀錄。

　　當時即使是最高難度的賽車也是在一般公路上進行，只是耐力賽的成績雖然是在通過檢驗的合格賽道上計算，但衝刺計時賽都是在羅馬－奧斯提亞公路第 10 和第 11 公里路段，和他廠摩托車的競賽路段相同。

　　1957 年，汽車版的「一千英里耐力賽」在圭迪佐洛（Guidizzolo）附近發生嚴重意外，之後競速賽就漸漸不在市街賽道上進行，加上傳統摩托車開始發展出專門用於旅行、體育和越野的車款，與 Vespa 的性能差距不斷拉大，Vespa 車隊的參賽頻率也急劇下降。直到 Sei Giorni 的推出，才重燃 Vespa 對賽車的熱情，如同 1951 年那場傳奇歷險所帶來的回響。

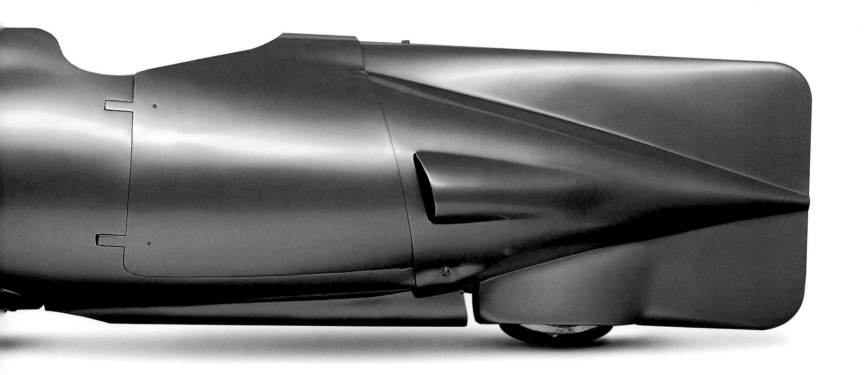

競賽

第一屆「巴黎達卡拉力賽」在 1977 年 12 月舉行，這是法國人蒂埃里·薩比納（Thierry Sabine）為當時迅速席捲市場的四行程單缸越野摩托車創辦的越野比賽。三年後，切爾尼亞夫斯基（Tcherniavsky）兄弟、伯納德·奈默（Bernard Neimer）和馬克·西蒙諾特（Marc Simonot）四位車手騎著四輛為了行駛在土路和沙地上的改裝 Vespa PX 200，齊聚巴黎的特羅卡德羅廣場（Place du Trocadero），準備出發比賽。

速克達的踏板非常接近地面，容易被沙土掩蓋，引擎性能也遠不如 500 cc 或更高排氣量的四行程引擎，因此這幾位車手的目標並不是獲勝，而是跑完全程。伯納德·切爾尼亞夫斯基和馬克·西蒙諾特一路騎到塞內加爾玫瑰湖（Lake Retba）湖畔，衝過了終點線。

198 頁上　1980 年的巴黎達卡拉力賽有四輛 Vespa PX 報名參加，一開始看起來他們大概撐不過前幾站，結果最後有三輛一路騎到了終點。

198 頁下　2017 年起在摩洛哥舉行的游牧拉力賽，是名副其實的非洲馬拉松。這場分段賽在泥土路上進行，特別適合速克達。

199 頁　安德烈亞·雷維爾·努蒂尼和馬切洛·迪布隆尼騎著自己的 Vespa PX 參加 2011 年的法老拉力賽，在吉薩金字塔前合影。

多年來比亞喬車廠一直不考慮前往非洲參賽，到了2011年，才有兩個義大利人決定報名參加「法老拉力賽」（Rally des Pharaons）。一般認為這場從1982年起在埃及舉行的拉力賽，重要性僅次於達卡拉力賽。安德烈亞‧雷維爾‧努蒂尼（Andrea Revel Nutini）和馬切洛‧迪布隆尼（Marcello Dibrogni）全力備戰，精心改裝引擎和懸吊系統，來到金字塔前列隊參賽。

第二屆達卡拉力賽的路線主要是可行車的地形，而法老拉力賽則是在沙丘和沙地上進行，顯然不利於Vespa PX150。整段路程非常艱辛，兩名選手都發生重大違規而遭到裁罰，但最後都抵達了終點，很多別的車手都因為機械問題或疲勞而未能完賽。

同樣在非洲，有一位駐馬拉喀什的西班牙攝影師名叫費蘭‧席爾瓦（Ferran Silva），專門安排遊客在上亞特拉斯山脈騎速克達旅行。從2017年開始，他年年舉辦「游牧拉力賽」（Nomad Rally），僅限蘭美達

200-201 頁　對 Vespa 而言最重要的耐力賽，是在西班牙蘇埃拉（Zuera）的國際賽車場上舉行的比賽，每年有 70 個以上的選手參加這場國際 24 小時賽。

200 頁下　卡斯泰萊托迪布蘭杜佐位於義大利帕維亞省（Pavia），從 2015 年開始舉行 Pinasco 國際 10 小時耐力賽。

201 頁　「波里尼義大利盃」衝刺錦標賽開放速克達參加，有兩個專為 Vespa 車款而設的組別。

和 Vespa 這類用把手換檔的二行程機車參加。第一屆比賽只讓蘭美達機車報名，之後才輪到 Vespa（全都是 PX）參加這場介於冒險和極限旅遊之間的比賽。

西班牙向來積極地為 Vespa 機車注入賽車的靈魂。早在 1980 年代初，他們就嘗試過把耐力賽的偉大傳統，與他們對這個經典速克達品牌的熱愛結合起來。巴塞隆納的蒙特惠克山（Montjuic）一帶街道，每年都會舉辦國際 24 小時摩托車賽，類似歷史悠久的法國「金盆耐力賽」（Bol d'Or）。因應大眾要求，

這場賽事也讓速克達參加，供三到四名車手組隊參賽，角逐最後的勝利。西班牙人從來不曾放棄這種特殊比賽，甚至籌辦過 6 小時、10 小時或 12 小時的短時間計時賽，都吸引了大量參賽者。

這樣的比賽也由 Pinasco 引進義大利，這家歷史悠久的專業機車改裝套件製造公司向來與和 Vespa 關係密切。每年 6 月，Pinasco 在卡斯泰萊托迪布蘭杜佐（Castelletto di Branduzzo）的賽道上舉辦精采絕倫的「10 小時耐力賽」（Ten Race）。

來自貝加莫的另一家機車改裝套件廠 Polini Motori 則舉辦了「波里尼義大利盃」（Polini Italian Cup），為偏愛衝刺賽的人提供另一種選擇。這是開放給速克達參加的錦標賽，分成六場比賽，有兩個特別為 Vespa 設立的組別，其中「135 cc Classic」專供 Vespa PX 參加，「185 cc 4T」則專供四行程自動

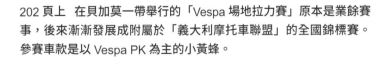

202 頁上　在貝加莫一帶舉行的「Vespa 場地拉力賽」原本是業餘賽
事，後來漸漸發展成附屬於「義大利摩托車聯盟」的全國錦標賽。
參賽車款是以 Vespa PK 為主的小黃蜂。

202 頁下　在阿爾卑斯山羅莎峰山腳下的冰凍賽道上，每年 1 月會舉
行名為「雪震」（Snowquake）的雪地漂移賽，吸引歐洲各地的偉
士迷前來參加，騎著 Vespa 和專業的越野機車同場競技。

202-203 頁　另一種可以騎 Vespa 機車參加的比賽是直線加速賽。
參賽車輛都是專門的直線加速賽車，對車手有極高的技術要求。

變速 Vespa 參加。

　　「義大利直線加速盃」（Italian Dragster Cup，
IDC）是一項更極端、充滿美國風的賽事。參賽者兩兩
上場，在 200 公尺左右的距離內直線加速比快。眾多
組別中有六個組別僅供 Vespa 參加，有的是標準原廠
車組，有的是改裝車組，但至少曲軸箱不能改。另外還
有一個 Outlaw 組，看名稱就知道這一組的參賽車不設
限，排氣量最高可以到 500 cc。

　　貝加莫這一帶和越野賽車的淵源很深。2010 年，
「Vespa 場地拉力賽」（Vespacross）就在這裡首

度舉行，這是布倫巴泰 Vespa 俱樂部（Vespa Club Brembate）的車迷一時興起而創辦的賽事，起初的名稱是 Vespaciok，後來逐漸發展成義大利摩托車聯盟（Federazione Motociclistica Italiana）的官方錦標賽之一。比賽在泥土路上進行，包含排位賽和正式賽，參賽的速克達都經過徹底改裝，車體通常是幾百歐元就買得到的便宜車體（很多是 Vespa PK），然後引擎、懸吊等全部大改，輪子當然也換成溝槽寬大的越野專用胎。

在杜林省的普拉傑拉托有一項在冬天舉行的賽事

——火熱活塞俱樂部（Pistone Rovente）主辦的「普拉傑拉托冰上競速賽」（Pragelato Ice）。主辦單位基於行政考量，只限 50 輛速克達參加，但每年報名人數至少都在兩倍以上，所以候補名單總是很長。比賽規則很簡單，小車架或大車架偉士、改裝或未改裝車，各有適合的參賽組別，每輛車單獨登場，在冰凍的賽道上狂飆，但只跟碼表比賽。這些車和參加 Vespa 場地拉力賽的車大同小異，最大的差別在於輪胎，這場比賽規定車手必須在輪胎上植入 650 到 700 顆自攻螺絲，螺絲頭要高出胎面 1 公分左右，以確保在冰上的抓地力。

獨一無二的 Vespa：
藝術車款和訂製車款

藝術車款

204 頁　這兩個藝術車款是 2001 年為「Vesparte 藝術展」所製作，分別是車身彩繪成電玩畫面的 Vespa Game，以及 PPG Industries（必丕志）製作的 Vespa Jeans。

工業設計在 1946 年還只是一門剛剛起步的學科，任何美學訴求都不能凌駕於工程之上，Vespa 自然也不能免俗。另一方面，當時比亞喬車廠的中心思想是「轉型」，幾個月前他們還在製造航空器，必須讓那些生產設備物盡其用。

204-205 頁　詹尼‧德鮑利（Gianni Depaoli）的「生態 Vespa 計畫」（EkoVespa Project），呈現一部 Vespa 機車在這個世界上的想像之旅。這件車身以魚皮覆蓋的作品是「有機廢棄物藝術計畫」的一部分，這項計畫推行有機廢物的再利用，包括用來創作與生態永續議題相關的藝術品。

206 頁上 利弗諾人馬妲蓮娜・卡萊（Maddalena Carrai）藉著「普普 Vespa」這件作品，表現她對 Vespa Primavera 的詮釋。2014 年她在比亞喬博物館現場彩繪這部車。

206 頁下 Vespa "Mickey Mouse" 50 Special 是眾多 Vespa 藝術車款之一，由潔瑪娜・特里亞尼（Germana Triani）手繪。

207 頁上、下 黎巴嫩藝術家阿里・哈松（Ali Hassoun）和詹保羅・塔拉尼（Giampaolo Talani）分別為「溼壁畫之旅」展覽彩繪了 Vespa LX（下）和 Vespa PX（上）。

　　面對務實的需求，設計師的創意奇想往往毫無用武之地，儘管如此，比亞喬車廠生產的速克達終究還是成了時尚精品，而不只是一種聰明的交通工具。當年它只不過是一輛平價的兩輪車，幾十年後大家才意識到，Vespa 已經為一種超越時間的風格賦予了生命。

　　早在 Vespa 車主發現自己的坐騎是一件有資格登上紐約現代美術館

（MoMA）的藝術品（1955 年的 Vespa 150 GS）之前，很多人就已經著迷於幫自己的車加入個人風格，和另一個經典兩輪車哈雷機車的死忠粉絲一樣。至少到 1962 年為止，風鏡、鍍鉻零件和特殊消音器都是最基本的改裝，瞬間就可以把一輛 Vespa 150 S 從一臺車變成一件藝術品。形上學畫派的超現實主義畫家薩爾瓦多·達利，曾在西班牙的卡達克斯（Cadaquez）巧遇兩個騎著 Vespa 的年輕人，他在右側蓋上留下他的親筆簽名，在左側蓋上寫下他的愛妻兼謬思女神加拉（Gala）的芳名。這兩個不是普通的年輕人，而是幾天前剛從馬德里出發展開「環遊世界 79 天」之旅的學生，他們的壯舉是史上最早的幾次機車遠征之一。

有人說這輛車是全世界最名貴的 Vespa，儘管還有一些更稀少、更搶手的車款，曾經賣到六位數歐元

208-209 頁　兩個夢想在 79 天內環遊世界的大學生，用的就是這輛西班牙產的 Vespa 150 S。這大概是世界上最名貴的速克達，因為兩邊的側蓋上有薩爾瓦多·達利留下的塗鴉和簽名。

的高價。但名貴的 Vespa 絕對不止這一部，至少還有來自貝加莫、專門生產競賽改裝套件的 Polini Motori 公司在 2015 年以 1970 年代的 Primavera 125 為基礎打造的特別限量版，除了配上一系列專用零件之外，車身更以超過 500 片的 23k 金箔精心包覆，要價 4 萬 2000 歐元。

209 頁　這是 Polini Motori 接單生產系列的第 1 號作品，繁複的改裝部件隱藏在貼滿了 23k 金箔的車身底下，使這輛車變成 Supervespa Primavera。

在達利之後，不時有名畫家或是一般的發燒友拿 Vespa 的車身充當畫布。2001 年，比亞喬車廠決定找來 14 位藝術家，藉他們的創作精神舉辦一場名叫「Vesparte」的比賽。

所有人一開始拿到的東西都一樣：一輛 ET4 125，以及百分之百的創作自由。最後產生 14 件完全個人化的作品。例如尼科利諾·迪卡羅（Nicolino Di Carlo）用非常本質性而深具辨識度的模板印刷風格，在車上印出《只此一件》（Pezzo unico）字樣；保羅·瑪麗亞·彥米（Paolo Maria Iemmi）的作品《牛為 Vespa 而瘋狂》（La mucca è pazza per la Vespa），創作說明是他發現了一種狂牛病的變體，症狀是「熱衷速度、渴望自由和瘋狂的生之喜悅」。

從 2000 年開始，圍繞 Vespa 的藝術活動以各種形式大量出現，例如米諾·特拉菲利（Mino Trafeli）2003 年的作品《一代傳奇 Vespa》（Mitologica Vespa），這個車身長度驚人的作品中央插入了一座雪花石膏像，以及一輛為 2007 年維亞雷久狂歡節（Carnevale di Viareggio）而精心打扮的速克達，車上有一隻混凝紙漿做成的巨型昆蟲。其他值得一提的 Vespa 藝術車款包括以 1967 年 Vespa 50 做成的「威尼斯版」，作者路卡·莫雷托（Luca Moretto）在 2010 年的威尼斯雙年展上用壓克力顏料和金蔥粉把整輛車裝飾成普普風，還有馬里歐·朱恩蒂尼（Mario Giuntini）2013 年 10 月的作品《聖瓦倫丁》（San Valentino），他把這座銅雕 Vespa 捐贈給比亞喬博物館。

210 頁和 210-211 頁　一系列藝術作品：尼科利諾・迪卡羅以 Vespa ET4 創作的《只此一件》，藏於「比亞喬風格中心」（Centro Stile Piaggio），這是 2001 年 Vesparte 競賽得獎作品（上）；馬里歐・朱恩蒂尼的銅雕作品《聖瓦倫丁》（中）；保羅・瑪麗亞・彥米作品《牛為 Vespa 而瘋狂》（最下左）；以及米諾・特拉菲利的《一代傳奇 Vespa》，添加了一些雪花石膏做成的細節。

211 頁上　這件 Vespa "Venice" 以普普風的用色和風格，在 2010 年威尼斯雙年展亮相。

211 頁右　安娜麗莎・貝內黛蒂（Annalisa Benedetti）和路卡・貝爾托齊（Luca Bertozzi）為 2007 年維亞雷久狂歡節遊行製作了一輛混凝紙漿材質的 Vespa。

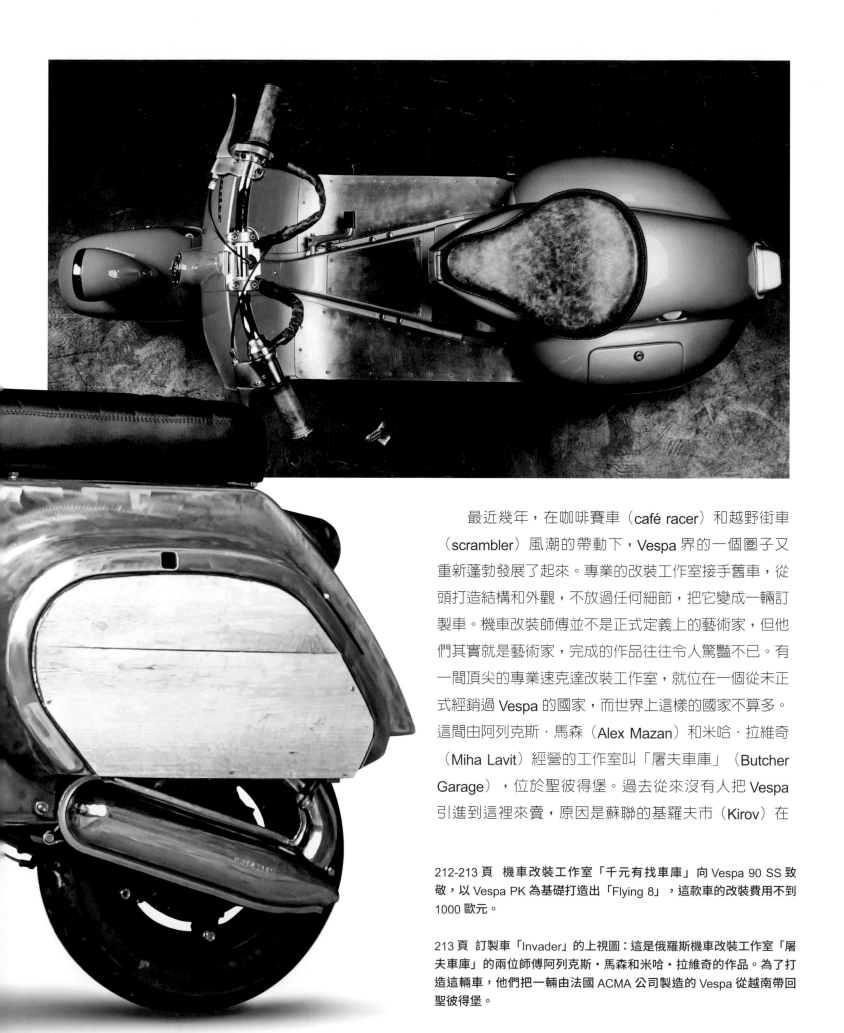

最近幾年，在咖啡賽車（café racer）和越野街車（scrambler）風潮的帶動下，Vespa 界的一個圈子又重新蓬勃發展了起來。專業的改裝工作室接手舊車，從頭打造結構和外觀，不放過任何細節，把它變成一輛訂製車。機車改裝師傅並不是正式定義上的藝術家，但他們其實就是藝術家，完成的作品往往令人驚豔不已。有一間頂尖的專業速克達改裝工作室，就位在一個從未正式經銷過 Vespa 的國家，而世界上這樣的國家不算多。這間由阿列克斯・馬森（Alex Mazan）和米哈・拉維奇（Miha Lavit）經營的工作室叫「屠夫車庫」（Butcher Garage），位於聖彼得堡。過去從來沒有人把 Vespa 引進到這裡來賣，原因是蘇聯的基羅夫市（Kirov）在

212-213 頁　機車改裝工作室「千元有找車庫」向 Vespa 90 SS 致敬，以 Vespa PK 為基礎打造出「Flying 8」，這款車的改裝費用不到 1000 歐元。

213 頁　訂製車「Invader」的上視圖：這是俄羅斯機車改裝工作室「屠夫車庫」的兩位師傅阿列克斯・馬森和米哈・拉維奇的作品。為了打造這輛車，他們把一輛由法國 ACMA 公司製造的 Vespa 從越南帶回聖彼得堡。

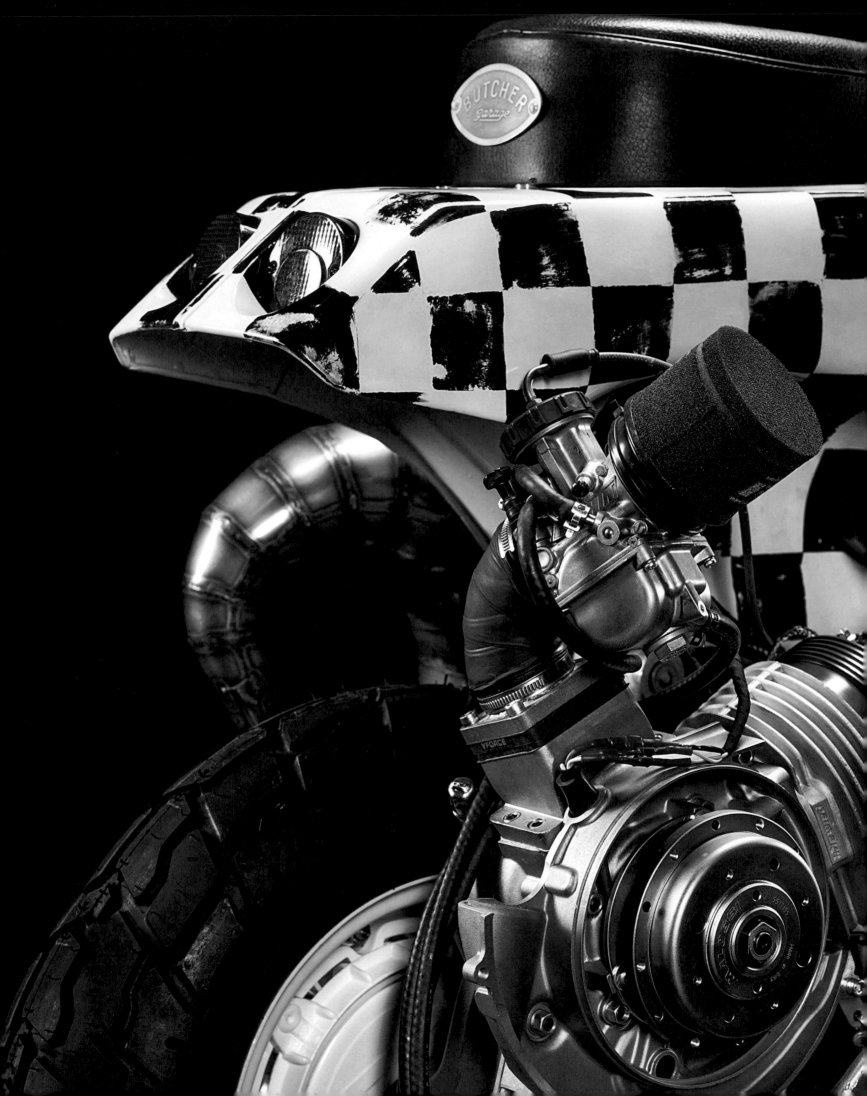

1957 年開始生產 Viatka 150，這款車（至少在外觀上，說不定連機械結構都是）幾乎和 Vespa 150 GS 一模一樣。

馬森和拉維奇什麼車都能改裝，只是特別擅長改裝 Vespa，至少經手過十多輛，最後一輛改到沒有人認得出是 Vespa。這部由 PX 改裝的「Project ESC」，又名「Escape」，原本的大盾和兩邊的側蓋全都移除，只保留車身的中央部分，整體變成一輛越野機車。

然而使他們打開國際知名度的是另一件傑作「Bender」，風格介於運動風和後原子風之間，採用未上漆板金，引擎改到和原版幾乎沒有一絲相同，性能大幅提高。這件作品最不尋常的特點之一在於原車並非來自朋泰代拉，而是越南。沒錯，這是 1950 年代法國 ACMA 公司在比亞喬車廠的授權下生產，銷售給越南國內並外銷到法屬印度支的 Vespa。兩人在河內找到這輛車，以 400 歐元買下，這個價格是他們決定出手的關鍵，因為比歐洲類似車況的車便宜很多。

214 頁　機車改裝工作室「屠夫車庫」大幅改裝的「Escape」引擎特寫：他們用一個 177 cc Parmakit 賽車用套件取代原本的標準氣缸，化油器改成 35mm 京濱化油器（Keihin）。

215 頁　雖然一下子看不出來，但這輛 Escape 是用 Vespa PX 改裝成的越野速克達。屠夫車庫移除了原車的許多部件包括側蓋和大盾，並配上特殊的後懸吊。

216-217 頁　「Bender」屠夫車庫最著名的改裝作品，原車是 1966 年的 Vespa 150。

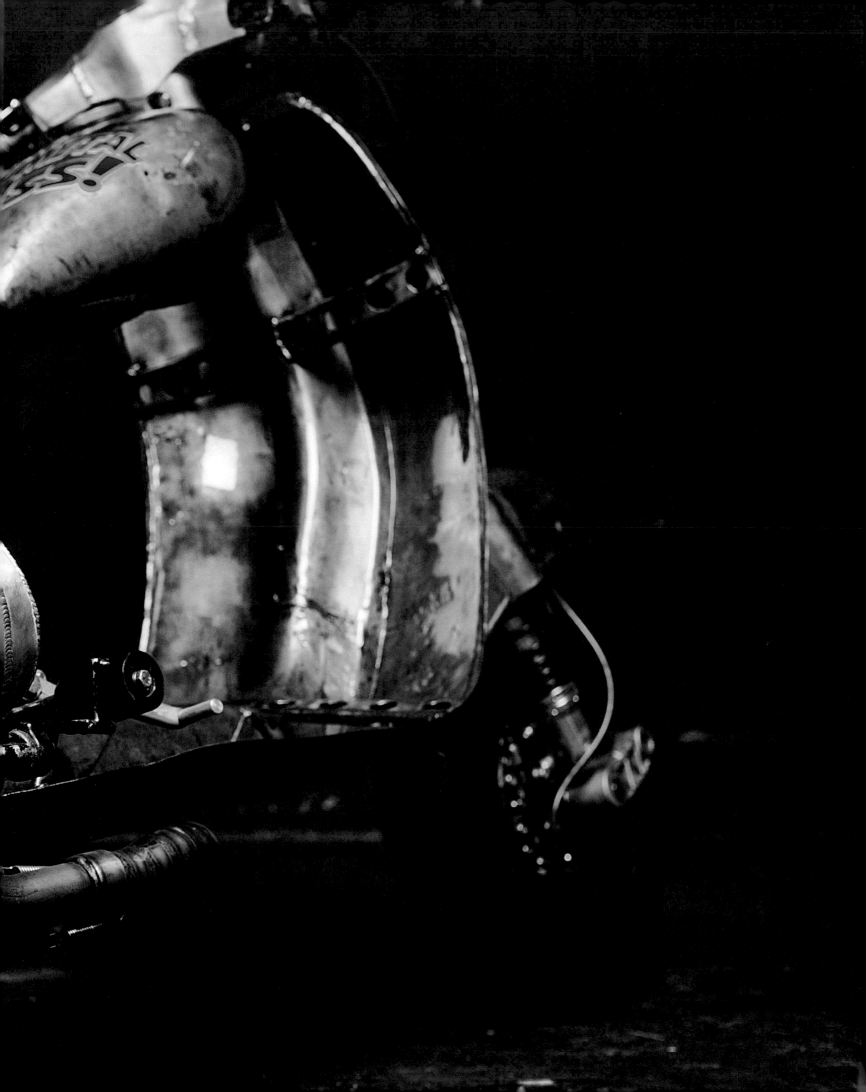

218-219 頁　「Infernus」是馬可・戴維斯・德・維拉的特別訂製款 Vespa，多次贏得改裝車競賽。車身的 350 枚鉚釘全部是用空壓機手工加裝的。

218 頁　這輛裝有鐘形整流罩的特別版 Vespa 機車取名「Nutria」，充滿 1950 年代的賽車風。車身側面加裝鉸鏈門以方便上下車，引擎也改裝成適合競速賽。

另外一輛被改裝得脫胎換骨的 Vespa 機車誕生於帕馬（Parma）和皮亞辰札（Piacenza）間的波河河谷。它有一個奇怪的名字叫做 Nutria，意思是「河狸鼠」，和 Bender 一樣原車也從國外來的，是德國 Hoffmann-Werke（霍夫曼車廠）生產的 200 Rally。車主法比歐・科菲拉提（Fabio Cofferati）是 Vespa 發燒友，創立了「蜜蜂俱樂部」（Ape Club）。2016 年他騎了一輛前土除頭燈版的 Vespa，參加從義大利前往北角的第一次遠征，後來又完成在 24 小時內縱貫南北義，從布里內羅（Brennero）到馬沙拉（Marsala）的無間斷長途騎行。Nutria 由一位板金師傅歷時七個月手工打造而成，以紀念 1950 和 1960 年代的競賽型摩托車。

改裝 Vespa 還有一件數一數二的傑作「Infernus」（意思是「地獄」），由馬可・戴維斯・德・維拉（Marco Devis de Villa）在他位於科爾蒂納丹佩佐的工作室完成。他把一輛 1959 年的 Vespa VBA 加以徹底改裝，除了車身加上黃色和紅色的火焰彩繪之外，底盤降低了，車尾也重新設計，還加裝了一個取自一輛蘇聯古董摩托車的前土除，所以有兩個頭燈。油箱取自一輛 1949 年的比安奇（Bianchi）機車，裝在座椅前方，把手則是用水管改造而成。

創意的揮灑空間是無限的，例子不勝枚舉，包括「千元有找車庫」（Underthousand Garage）為了向 Vespa 90 SS 車款致敬，以 PK 50 改裝而成的「Flying 8」，這間位於布里安薩（Brianza）的機車改裝工作室以改裝費用不超過 1000 歐元為號召；還有貝加莫人歐斯卡爾・羅西（Oscar Rossi）改裝的 Vespa PX，看起來很像 1950 年代的 Vespa GS。

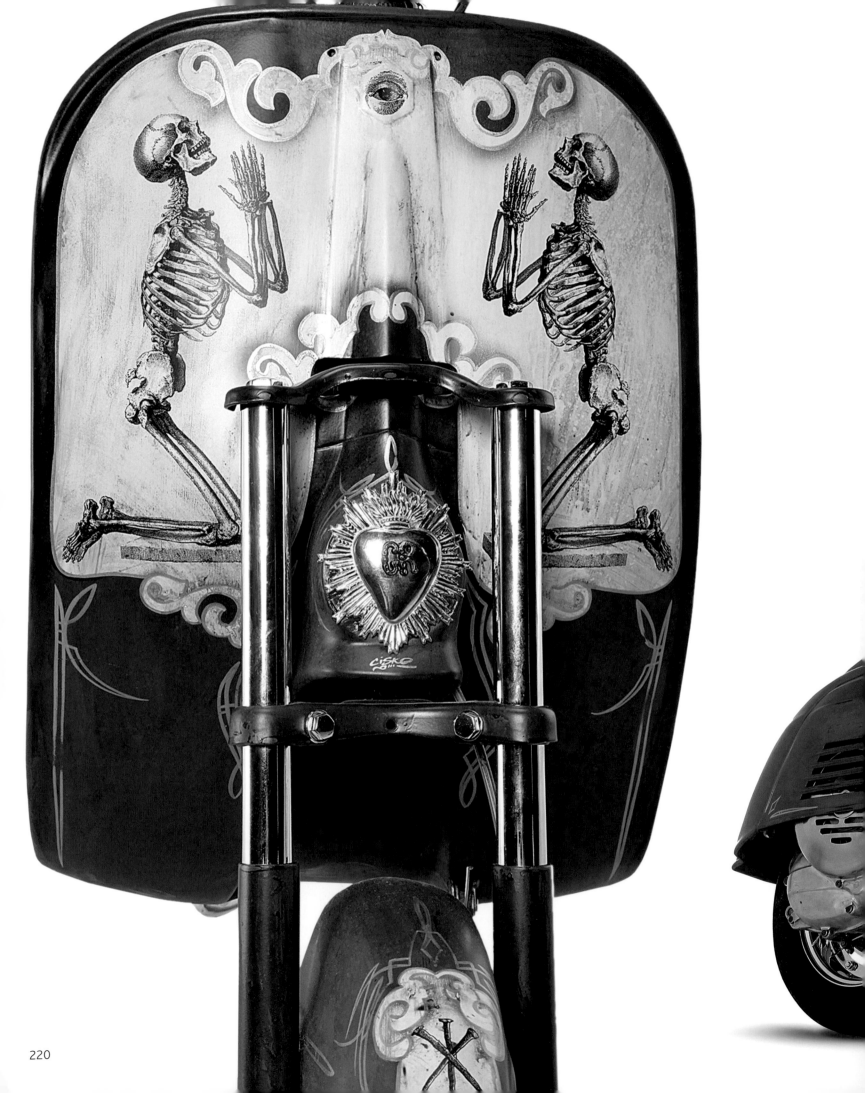

220 頁和 220-221 頁　這輛小車架偉士的前半部經過徹底修改，加裝了取代標準單搖臂懸吊系統的前叉，前輪框改成鋼絲框，把手加寬並改用鋼管，不裝風鏡。

221 頁上　金色的雙排氣管是 1950 和 1960 年代 Vespa 改裝車的常見細節之一。

作者簡介

瓦雷里歐・博尼（Valerio Boni）憑著對摩托車的熱愛進入新聞界，在 1977 年展開體育播報員的生涯，最初播報越野賽事、特技障礙賽，之後在摩洛哥、埃及和突尼西亞播報了非洲最早的摩托車競賽。接著在幾家專業摩托車雜誌擔任文字記者，寫過數百部新車款的上市和試駕報導。他在 Mondadori 集團雜誌擔任總編輯和事業處長已 25 年，負責各項事務，特別是二輪動力車（PTW）的相關內容。他的著作包括一系列 Gran Prix 摩托車大獎賽的年度專刊，以及介紹 BMW、杜卡迪、Gilera、保時捷和 Vespa 的歷史的專書。

斯特法諾・柯爾達拉（Stefano Cordara）是摩托車狂熱分子，在米蘭理工大學取得機械工程學位之後，於 1992 年進入新聞界，擔任專業的摩托車試駕員，把他的狂熱變成正式工作。他憑著在試駕工作中對車輛的敏銳感受和見地，德到機會親身參與摩托車的開發設計。十多年來他也密集在國際摩托車賽事上現身，包括傳奇的鈴鹿八小時耐力賽。他是線上出版計畫 RED Live 的主編，並持續為《米蘭體育報》（Gazzetta dello Sport）撰寫文章，同時也是該報社出版的一系列杜卡迪機車專書的共同作者。

譯者簡介
吳若楠，臺大外文系畢業後，先後於義大利波隆那大學（Università degli studi di Bologna） 和羅馬智慧大學（Università Roma la Sapienza）的戲劇系攻讀如何將劇本和演員訓練有效應用於外語學習，並取得碩士學位。回臺後曾任教於輔大義大利語系，並擔任自由譯者，譯有《死了兩次的男人》、《他人房子裡的燈》、《逃稅者的金庫》等書。

謝誌

本書編輯感謝下列友人熱情協助搜集圖片資料：Ilario Lavarra、Jaf Fernandez、Polini Motori、Pinasco、Team Vespa Barcelona、Ricambio Rapido、Giuseppe Roncen、Ruote da Sogno，以及 Marcello Dibrogni。

作者瓦雷里歐・博尼感謝法比歐・科菲拉提、蒂齊亞娜・卡爾坎尼和布倫巴泰 Vespa 俱樂部的寶貴合作。

圖片來源

國家地理精工系列

Vespa偉士狂潮

一個文化標誌的誕生、傳奇歷史與經典車款

作　　者：瓦雷里歐·博尼、斯特法諾·柯爾達拉
圖　　片：比亞喬歷史檔案館
翻　　譯：吳若楠
主　　編：黃正綱
資深編輯：魏靖儀
美術編輯：吳立新
行政編輯：吳怡慧

印務經理：蔡佩欣
發行經理：曾雪琪
圖書企畫：黃韻霖、陳俞初

發 行 人：熊曉鴿
總 編 輯：李永適
營 運 長：蔡耀明

出 版 者：大石國際文化有限公司
地 址：台北市內湖區堤頂大道二段181號3樓
電 話：（02）8797-1758
傳 真：（02）8797-1756
印刷：群鋒企業有限公司

2020年（民109）5月初版
定價：新臺幣1200元／港幣400元
本書正體中文版由 WS White Star Publishers
授權大石國際文化有限公司出版
版權所有，翻印必究
ISBN：978-957-8722-89-7（精裝）
＊ 本書如有破損、缺頁、裝訂錯誤，請寄回本公司更換

總代理：大和書報圖書股份有限公司
地址：新北市新莊區五工五路2 號
電話：（02）8990-2588
傳真：（02）2299-7900

國家圖書館出版品預行編目（CIP）資料

Vespa偉士狂潮：一個文化標誌的誕生、傳奇歷史與經典車款 /
瓦雷里歐·博尼（Valerio Boni），斯特法諾·柯爾達拉（Stefano
Cordara）作；吳若楠翻譯. -- 初版. -- 臺北市：大石國際文化, 民
109.05　224頁；23.5 x 28.8公分　（國家地理精工系列）
譯自：Vespa - La Storia Di Una Leggenda Dalle Origini Ad Oggi
ISBN 978-957-8722-89-7（精裝）
1.品牌 2.機車 3.歷史

496　　　　　　　　　　　　　　109005726

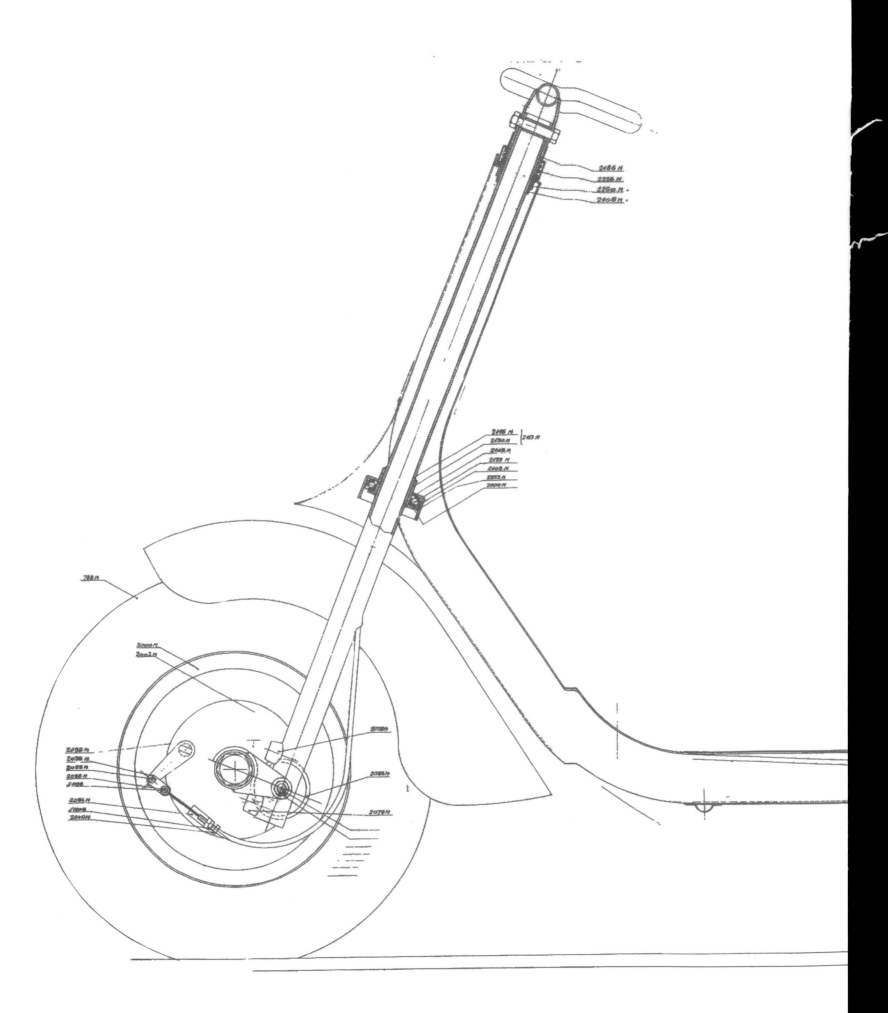